# 数据科学与大数据技术专业核心教材体系建设——建议使用时间

| 建议使用时间 | 课程 |
|---|---|
| 一年级上 | 程序设计 I |
| 一年级下 | 程序设计 II |
| 二年级上 | 数据结构与算法 I / 计算机系统基础 I / 数据科学导论 |
| 二年级下 | 离散数学 / 计算机系统基础 II / 大数据计算智能 / 数据库系统概论 |
| 三年级上 | 数据结构与算法 II / 并行与分布式计算 / 非结构化大数据分析 |
| 三年级下 | 计算理论导论 / 编译原理 / 计算机网络 / 分布式系统与云计算 / 自然语言处理 / 信息检索导论 / 模式识别与计算机视觉 / 智能优化与进化计算 / 网络群体与市场 / 人工智能导论 / 信息内容安全 / 密码技术及安全 / 程序设计安全 |
| 四年级上 | |

面向新工科专业建设计算机系列教材

# Hadoop 与 Spark 入门

覃雄派　陈跃国◎编著

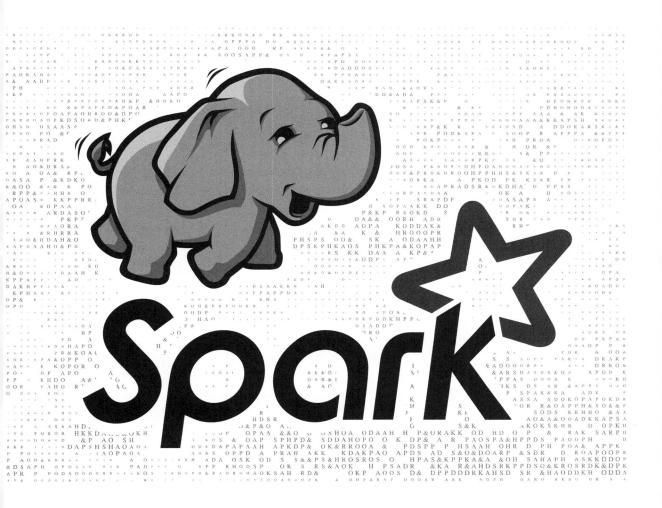

清华大学出版社
北京

## 内 容 简 介

本书为一本大数据技术的入门书籍,介绍 Hadoop 大数据平台和 Spark 大数据平台及相关工具的原理,以及如何进行部署和简单开发。

全书包含13章：第1、2章介绍如何为深入学习 Hadoop 和 Spark 做环境准备,包括 VMware 虚拟机的创建和 CentOS 操作系统安装。第3~6章介绍 Hadoop 大数据平台的基本原理,包括 HDFS、MapReduce 计算模型、HBase 数据库,以及 Hive 数据仓库的原理、部署方法和开发技术。第7~11章介绍 Spark 大数据平台的基本原理,包括弹性分布式数据集、转换与动作操作、宽依赖与窄依赖、有向无环图表达的作业及其处理过程等,并且介绍了 Spark Core、Spark SQL、Spark MLlib、Spark GraphX 的部署和开发技术。最后两章介绍了 Flume(第12章)和 Kafka(第13章)两个工具,Flume 用于大量日志的收集和处理,Kafka 用于对大量快速到达的数据进行及时、可靠、暂时的存储。

本书适合高等院校高年级本科生以及硕士研究生使用,也可以供非计算机专业学生及相关领域技术人员参考。

本书封面贴有清华大学出版社防伪标签,无标签者不得销售。
版权所有,侵权必究。举报：010-62782989,beiqinquan@tup.tsinghua.edu.cn。

**图书在版编目(CIP)数据**

Hadoop 与 Spark 入门/覃雄派,陈跃国编著. —北京：清华大学出版社,2022.9
面向新工科专业建设计算机系列教材
ISBN 978-7-302-61363-3

Ⅰ. ①H… Ⅱ. ①覃… ②陈… Ⅲ. ①数据处理软件—高等学校—教材 Ⅳ. ①TP274

中国版本图书馆 CIP 数据核字(2022)第 124195 号

责任编辑：白立军　杨　帆
封面设计：刘　乾
责任校对：韩天竹
责任印制：刘海龙

出版发行：清华大学出版社
　　网　　址：http://www.tup.com.cn, http://www.wqbook.com
　　地　　址：北京清华大学学研大厦A座　　邮　　编：100084
　　社 总 机：010-83470000　　邮　　购：010-62786544
　　投稿与读者服务：010-62776969,c-service@tup.tsinghua.edu.cn
　　质量反馈：010-62772015,zhiliang@tup.tsinghua.edu.cn
　　课件下载：http://www.tup.com.cn,010-83470236
印 装 者：三河市铭诚印务有限公司
经　　销：全国新华书店
开　　本：185mm×260mm　　印　张：15.75　　插　页：1　　字　数：367 千字
版　　次：2022 年 11 月第 1 版　　印　次：2022 年 11 月第 1 次印刷
定　　价：59.00 元

产品编号：084498-01

# 出版说明

## 一、系列教材背景

人类已经进入智能时代,云计算、大数据、物联网、人工智能、机器人、量子计算等是这个时代最重要的技术热点。为了适应和满足时代发展对人才培养的需要,2017年2月以来,教育部积极推进新工科建设,先后形成了"复旦共识""天大行动""北京指南",并发布了《教育部高等教育司关于开展新工科研究与实践的通知》《教育部办公厅关于推荐新工科研究与实践项目的通知》,全力探索形成领跑全球工程教育的中国模式、中国经验,助力高等教育强国建设。新工科有两个内涵:一是新的工科专业;二是传统工科专业的新需求。新工科建设将促进一批新专业的发展,这批新专业有的是依托于现有计算机类专业派生、扩展而成的,有的是多个专业有机整合而成的。由计算机类专业派生、扩展形成的新工科专业有计算机科学与技术、软件工程、网络工程、物联网工程、信息管理与信息系统、数据科学与大数据技术等。由计算机类学科交叉融合形成的新工科专业有网络空间安全、人工智能、机器人工程、数字媒体技术、智能科学与技术等。

在新工科建设的"九个一批"中,明确提出"建设一批体现产业和技术最新发展的新课程""建设一批产业急需的新兴工科专业"。新课程和新专业的持续建设,都需要以适应新工科教育的教材作为支撑。由于各个专业之间的课程相互交叉,但是又不能相互包含,所以在选题方向上,既考虑由计算机类专业派生、扩展形成的新工科专业的选题,又考虑由计算机类专业交叉融合形成的新工科专业的选题,特别是网络空间安全专业、智能科学与技术专业的选题。基于此,清华大学出版社计划出版"面向新工科专业建设计算机系列教材"。

## 二、教材定位

教材使用对象为"211工程"高校或同等水平及以上高校计算机类专业及相关专业学生。

## 三、教材编写原则

(1) 借鉴 *Computer Science Curricula* 2013(以下简称 CS2013)。CS2013 的核心知识领域包括算法与复杂度、体系结构与组织、计算科学、离散结构、图形学与可视化、人机交互、信息保障与安全、信息管理、智能系统、网络与通信、操作系统、基于平台的开发、并行与分布式计算、程序设计语言、软件开发基础、软件工程、系统基础、社会问题与专业实践等内容。

(2) 处理好理论与技能培养的关系,注重理论与实践相结合,加强对学生思维方式的训练和计算思维的培养。计算机专业学生能力的培养特别强调理论学习、计算思维培养和实践训练。本系列教材以"重视理论,加强计算思维培养,突出案例和实践应用"为主要目标。

(3) 为便于教学,在纸质教材的基础上,融合多种形式的教学辅助材料。每本教材可以有主教材、教师用书、习题解答、实验指导等。特别是在数字资源建设方面,可以结合当前出版融合的趋势,做好立体化教材建设,可考虑加上微课、微视频、二维码、MOOC 等扩展资源。

## 四、教材特点

### 1. 满足新工科专业建设的需要

系列教材涵盖计算机科学与技术、软件工程、物联网工程、数据科学与大数据技术、网络空间安全、人工智能等专业的课程。

### 2. 案例体现传统工科专业的新需求

编写时,以案例驱动,任务引导,特别是有一些新应用场景的案例。

### 3. 循序渐进,内容全面

讲解基础知识和实用案例时,由简单到复杂,循序渐进,系统讲解。

### 4. 资源丰富,立体化建设

除了教学课件外,还可以提供教学大纲、教学计划、微视频等扩展资源,以方便教学。

## 五、优先出版

### 1. 精品课程配套教材

主要包括国家级或省级的精品课程和精品资源共享课的配套教材。

### 2. 传统优秀改版教材

对于已经出版、得到市场认可的优秀教材,由于新技术的发展,计划给图书配上新的教学形式、教学资源的改版教材。

**3. 前沿技术与热点教材**

反映计算机前沿和当前热点的相关教材,例如云计算、大数据、人工智能、物联网、网络空间安全等方面的教材。

## 六、联系方式

联系人:白立军

联系电话:010-83470179

联系和投稿邮箱:bailj@tup.tsinghua.edu.cn

面向新工科专业建设计算机系列教材编委会

2019 年 6 月

# 面向新工科专业建设计算机系列教材编委会

**主　任：**
　　张尧学　清华大学计算机科学与技术系教授　中国工程院院士/教育部高等学校软件工程专业教学指导委员会主任委员

**副主任：**
　　陈　刚　浙江大学计算机科学与技术学院　　　　　　　院长/教授
　　卢先和　清华大学出版社　　　　　　　　　　　　　　常务副总编辑、副社长/编审

**委　员：**
　　毕　胜　大连海事大学信息科学技术学院　　　　　　　院长/教授
　　蔡伯根　北京交通大学计算机与信息技术学院　　　　　院长/教授
　　陈　兵　南京航空航天大学计算机科学与技术学院　　　院长/教授
　　成秀珍　山东大学计算机科学与技术学院　　　　　　　院长/教授
　　丁志军　同济大学计算机科学与技术系　　　　　　　　系主任/教授
　　董军宇　中国海洋大学信息科学与工程学院　　　　　　副院长/教授
　　冯　丹　华中科技大学计算机学院　　　　　　　　　　院长/教授
　　冯立功　战略支援部队信息工程大学网络空间安全学院　院长/教授
　　高　英　华南理工大学计算机科学与工程学院　　　　　副院长/教授
　　桂小林　西安交通大学计算机科学与技术学院　　　　　教授
　　郭卫斌　华东理工大学信息科学与工程学院　　　　　　副院长/教授
　　郭文忠　福州大学数学与计算机科学学院　　　　　　　院长/教授
　　郭毅可　上海大学计算机工程与科学学院　　　　　　　院长/教授
　　过敏意　上海交通大学计算机科学与工程系　　　　　　教授
　　胡瑞敏　西安电子科技大学网络与信息安全学院　　　　院长/教授
　　黄河燕　北京理工大学计算机学院　　　　　　　　　　院长/教授
　　雷蕴奇　厦门大学计算机科学系　　　　　　　　　　　教授
　　李凡长　苏州大学计算机科学与技术学院　　　　　　　院长/教授
　　李克秋　天津大学计算机科学与技术学院　　　　　　　院长/教授
　　李肯立　湖南大学　　　　　　　　　　　　　　　　　副校长/教授
　　李向阳　中国科学技术大学计算机科学与技术学院　　　执行院长/教授
　　梁荣华　浙江工业大学计算机科学与技术学院　　　　　执行院长/教授
　　刘延飞　火箭军工程大学基础部　　　　　　　　　　　副主任/教授
　　陆建峰　南京理工大学计算机科学与工程学院　　　　　副院长/教授
　　罗军舟　东南大学计算机科学与工程学院　　　　　　　教授
　　吕建成　四川大学计算机学院(软件学院)　　　　　　　院长/教授
　　吕卫锋　北京航空航天大学　　　　　　　　　　　　　副校长/教授

| | | |
|---|---|---|
| 马志新 | 兰州大学信息科学与工程学院 | 副院长/教授 |
| 毛晓光 | 国防科技大学计算机学院 | 副院长/教授 |
| 明　仲 | 深圳大学计算机与软件学院 | 院长/教授 |
| 彭进业 | 西北大学信息科学与技术学院 | 院长/教授 |
| 钱德沛 | 北京航空航天大学计算机学院 | 中国科学院院士/教授 |
| 申恒涛 | 电子科技大学计算机科学与工程学院 | 院长/教授 |
| 苏　森 | 北京邮电大学计算机学院 | 执行院长/教授 |
| 汪　萌 | 合肥工业大学计算机与信息学院 | 院长/教授 |
| 王长波 | 华东师范大学计算机科学与软件工程学院 | 常务副院长/教授 |
| 王劲松 | 天津理工大学计算机科学与工程学院 | 院长/教授 |
| 王良民 | 江苏大学计算机科学与通信工程学院 | 院长/教授 |
| 王　泉 | 西安电子科技大学 | 副校长/教授 |
| 王晓阳 | 复旦大学计算机科学技术学院 | 院长/教授 |
| 王　义 | 东北大学计算机科学与工程学院 | 院长/教授 |
| 魏晓辉 | 吉林大学计算机科学与技术学院 | 院长/教授 |
| 文继荣 | 中国人民大学信息学院 | 院长/教授 |
| 翁　健 | 暨南大学 | 副校长/教授 |
| 吴　迪 | 中山大学计算机学院 | 副院长/教授 |
| 吴　卿 | 杭州电子科技大学 | 教授 |
| 武永卫 | 清华大学计算机科学与技术系 | 副主任/教授 |
| 肖国强 | 西南大学计算机与信息科学学院 | 院长/教授 |
| 熊盛武 | 武汉理工大学计算机科学与技术学院 | 院长/教授 |
| 徐　伟 | 陆军工程大学指挥控制工程学院 | 院长/副教授 |
| 杨　鉴 | 云南大学信息学院 | 教授 |
| 杨　燕 | 西南交通大学信息科学与技术学院 | 副院长/教授 |
| 杨　震 | 北京工业大学信息学部 | 副主任/教授 |
| 姚　力 | 北京师范大学人工智能学院 | 执行院长/教授 |
| 叶保留 | 河海大学计算机与信息学院 | 院长/教授 |
| 印桂生 | 哈尔滨工程大学计算机科学与技术学院 | 院长/教授 |
| 袁晓洁 | 南开大学计算机学院 | 院长/教授 |
| 张春元 | 国防科技大学计算机学院 | 教授 |
| 张　强 | 大连理工大学计算机科学与技术学院 | 院长/教授 |
| 张清华 | 重庆邮电大学计算机科学与技术学院 | 执行院长/教授 |
| 张艳宁 | 西北工业大学 | 校长助理/教授 |
| 赵建平 | 长春理工大学计算机科学技术学院 | 院长/教授 |
| 郑新奇 | 中国地质大学(北京)信息工程学院 | 院长/教授 |
| 仲　红 | 安徽大学计算机科学与技术学院 | 院长/教授 |
| 周　勇 | 中国矿业大学计算机科学与技术学院 | 院长/教授 |
| 周志华 | 南京大学计算机科学与技术系 | 系主任/教授 |
| 邹北骥 | 中南大学计算机学院 | 教授 |

**秘书长：**

| | | |
|---|---|---|
| 白立军 | 清华大学出版社 | 副编审 |

# FOREWORD

# 前言

Hadoop 和 Spark 是两大大数据处理平台，各自形成了完整的生态系统。在相当长的时间内，二者相互共存。

本书是一本 Hadoop 和 Spark 的入门介绍书籍。

针对 Hadoop 和 Spark 两个生态系统的主要工具，本书首先介绍其基本原理，然后给出安装部署的详细过程，并且通过对内置实例的分析，帮助读者掌握初步的大数据平台的编程技巧。

本书的读者为高等院校高年级本科生、硕士研究生和 IT 从业者，他们急需一本简洁的手册，帮助他们迅速入门 Hadoop 和 Spark。

本书包括 13 章：第 1、2 章介绍 VMware 与虚拟机、CentOS 操作系统安装，第 3～6 章介绍 Hadoop 生态系统，第 7～11 章介绍 Spark 生态系统，第 12、13 章介绍两个工具 Flume 和 Kafka。本书对 Hadoop 和 Spark 以及相关工具的原理、部署和开发做了详细介绍，使读者可以快速入门。

本书引导读者在 3 台 VMware 虚拟机上进行实验，虚拟机运行的操作系统是 CentOS 7。一般在一台拥有 8GB 内存的 i7 笔记本计算机上就可以展开实验，不必依赖更多的硬件，也不用租用云平台上的虚拟机。

一生二，二生三，三生万物。在 3 台虚拟机上进行实验，有利于读者掌握大数据平台的分布式部署（本书不介绍伪分布式部署和单机部署模式），以及把技能迁移到更大规模的集群上。

读者可以按照本书的各个章节，顺序地了解各个工具的基本原理、部署的方法，并且通过实例了解如何进行实际应用开发。

读者可以自行下载 CentOS 安装盘（ISO 文件）以及相关软件包，一步步地建立实验环境，进行实验。

本书的编写因时间仓促，加之编者水平有限，书中难免有疏漏和不足之处，在此恳请专家和广大读者批评指正！

编 者
2022.9

# 目录

第1章　VMware 与虚拟机 ················································· 1
  1.1　VMware 简介 ···················································· 1
  1.2　VMware 的安装 ·················································· 2
  1.3　VMware 的网络配置 ·············································· 2
      1.3.1　VMnet0 网卡配置 ········································· 2
      1.3.2　VMnet1 网卡配置 ········································· 3
      1.3.3　VMnet8 网卡配置 ········································· 3
  1.4　Windows 环境下对 VMnet8 的 DNS 进行配置 ························· 6
  1.5　利用管理员权限编辑网卡 ········································· 7
  1.6　总结 ························································· 7
  1.7　思考题 ······················································· 8
  参考文献 ··························································· 8

第2章　CentOS 操作系统安装 ············································ 9
  2.1　新建 VMware 虚拟机 ·············································· 9
  2.2　安装 CentOS ··················································· 14
  2.3　配置 Yum ······················································ 18
  2.4　为 CentOS 安装图形用户界面 ····································· 20
  2.5　CentOS 的网络配置 ·············································· 20
      2.5.1　虚拟机的网络配置 ······································· 20
      2.5.2　在 CentOS 操作系统里对网卡进行设置 ······················ 21
  2.6　Samba 配置 ···················································· 23
  2.7　配置 SSHD ····················································· 26
  2.8　重新启动虚拟机需要执行的命令 ·································· 27
  2.9　思考题 ······················································· 28

第3章　Hadoop 入门 ···················································· 29
  3.1　Hadoop 简介 ··················································· 29

3.2　HDFS ……………………………………………………………………… 30
　　3.2.1　写文件 ……………………………………………………………… 31
　　3.2.2　读文件 ……………………………………………………………… 32
　　3.2.3　Secondary NameNode 介绍 ………………………………………… 33
3.3　MapReduce 工作原理 …………………………………………………… 34
　　3.3.1　MapReduce 执行引擎 ………………………………………………… 35
　　3.3.2　MapReduce 计算模型 ………………………………………………… 37
　　3.3.3　Hadoop 1.0 的应用 …………………………………………………… 38
3.4　Hadoop 生态系统 ………………………………………………………… 38
3.5　Hadoop 2.0 ………………………………………………………………… 40
　　3.5.1　Hadoop 1.0 的优势和局限 …………………………………………… 40
　　3.5.2　从 Hadoop 1.0 到 Hadoop 2.0 ……………………………………… 41
　　3.5.3　YARN 原理 …………………………………………………………… 41
　　3.5.4　YARN 的优势 ………………………………………………………… 43
3.6　思考题 ……………………………………………………………………… 44

第 4 章　Hadoop 安装与 HDFS、MapReduce 实验 ……………………………… 45
4.1　安装 JDK …………………………………………………………………… 45
4.2　新建虚拟机集群 …………………………………………………………… 47
　　4.2.1　网络配置小结 ………………………………………………………… 47
　　4.2.2　配置各个虚拟机别名 ………………………………………………… 48
　　4.2.3　配置各个虚拟机的 /etc/hosts 文件 ………………………………… 48
4.3　无密码 SSH 登录 ………………………………………………………… 49
4.4　Hadoop 安装、配置和启动 ……………………………………………… 52
　　4.4.1　core-site.xml 配置文件 ……………………………………………… 54
　　4.4.2　hdfs-site.xml 配置文件 ……………………………………………… 54
　　4.4.3　mapred-site.xml 配置文件 …………………………………………… 55
　　4.4.4　yarn-site.xml 配置文件 ……………………………………………… 56
　　4.4.5　配置 hadoop-env.sh 脚本文件 ……………………………………… 59
　　4.4.6　配置 yarn-env.sh 脚本文件 ………………………………………… 59
　　4.4.7　主机配置 ……………………………………………………………… 59
4.5　格式化 HDFS ……………………………………………………………… 60
4.6　启动 Hadoop ……………………………………………………………… 60
4.7　报告 HDFS 的基本信息 ………………………………………………… 62
4.8　使用日志 …………………………………………………………………… 62
4.9　Hadoop 管理界面 ………………………………………………………… 63
4.10　Hadoop 测试 ……………………………………………………………… 63
　　4.10.1　HDFS 常用文件操作命令 …………………………………………… 63

  4.10.2 测试 WordCount 程序 ········· 64
 4.11 配置 History Server ············· 64
 4.12 若干问题解决 ····················· 65
 4.13 HDFS Java 程序分析 ············ 69
 4.14 WordCount 程序代码简单分析 ·· 73
 4.15 MapReduce Sort ··················· 76
 4.16 MapReduce Java 开发环境配置 ·· 76
 4.17 思考题 ······························· 79
 参考文献 ····································· 80

第 5 章 HBase 简介、部署与开发 ········ 81
 5.1 HBase 简介 ·························· 81
 5.2 HBase 访问接口 ···················· 81
 5.3 HBase 的数据模型 ················· 82
 5.4 HBase 系统架构 ···················· 83
 5.5 HBase 存储格式 ···················· 85
 5.6 在 HBase 系统上运行 MapReduce ·· 87
 5.7 HBase 安装、配置与运行 ········ 87
 5.8 启动 HBase 并且测试 ············ 90
 5.9 使用 HBase Shell ·················· 92
 5.10 HBase Java 实例分析 ············ 93
 5.11 若干问题解决 ····················· 97
 5.12 思考题 ······························· 99
 参考文献 ····································· 99

第 6 章 Hive 数据仓库 ························ 100
 6.1 Hive 简介 ···························· 100
 6.2 Hive 数据模型 ······················ 102
 6.3 Hive 安装、配置和运行 ·········· 103
  6.3.1 使用 MySQL 进行元信息管理 ·· 104
  6.3.2 安装和配置 Hive ············· 105
  6.3.3 启动 Hive ······················· 108
 6.4 若干问题解决 ······················· 110
 6.5 hiveserver2 与 beeline ············ 112
 6.6 Hive 安装问题 ······················ 115
 6.7 HWI 服务 ···························· 115
 6.8 Metastore 服务 ····················· 116
 6.9 Hive 的 Java 开发 ················· 116

6.10　Tez 简介 ................................................ 119
　　6.10.1　Hadoop 2.0 上的交互式查询引擎 Hive on Tez ................. 119
　　6.10.2　把数据处理逻辑建模成一个 DAG 连接起来的任务 ............. 121
6.11　Hadoop 平台上的列存储技术 .................................. 121
　　6.11.1　列存储的优势 ....................................... 121
　　6.11.2　Parquet 列存储格式 ................................... 121
6.12　思考题 ..................................................... 126
参考文献 ....................................................... 126

## 第 7 章　Spark 及其生态系统 ............................... 127

7.1　Spark 简介 .................................................. 127
　　7.1.1　Spark 软件架构 ...................................... 127
　　7.1.2　Spark 的主要优势 .................................... 128
7.2　Hadoop 的局限和 Spark 的诞生 ............................... 129
7.3　Spark 的特性 ................................................ 130
7.4　Spark 生态系统 ............................................. 131
7.5　RDD 及其处理 ............................................... 132
　　7.5.1　DAG、宽依赖与窄依赖 ............................... 133
　　7.5.2　DAG 的调度执行 ..................................... 134
7.6　Spark 的部署 ................................................ 135
7.7　Spark SQL ................................................... 136
7.8　Spark 的应用案例 ........................................... 137
7.9　总结 ........................................................ 138
7.10　思考题 .................................................... 138
参考文献 ....................................................... 138

## 第 8 章　Spark 的安装、部署与运行 .......................... 139

8.1　Spark 的安装、配置与运行 ................................... 139
8.2　启动 Spark .................................................. 142
　　8.2.1　启动 spark-sql shell 运行 SQL ........................... 144
　　8.2.2　启动 pyspark shell 运行 SQL ............................ 144
　　8.2.3　用 pyspark shell 进行数据处理 .......................... 145
　　8.2.4　启动 scala shell 运行 WordCount ......................... 145
　　8.2.5　启动 scala shell 运行 SQL（本地文件）................... 146
　　8.2.6　启动 scala shell 运行 SQL（HDFS 文件）................. 147
　　8.2.7　配置和启动 Thrift Server ............................... 147
　　8.2.8　错误分析 ............................................ 150
8.3　在 Windows 上用 Eclipse 调试 Spark Java 程序 ................. 151

8.4 在 Windows 上安装 Maven 和配置 Eclipse ……157
8.5 思考题 ……160
参考文献 ……160

## 第 9 章 Spark SQL ……162

9.1 Spark SQL 简介 ……162
9.2 查询本地文件、HDFS 文件以及 HDFS Parquet 列存储格式文件 ……163
9.3 内置实例分析与 Java 开发 ……166
    9.3.1 通过 SQL Explorer 插件存取 Spark SQL ……166
    9.3.2 JDBC Java 编程 ……167
9.4 思考题 ……170
参考文献 ……170

## 第 10 章 Spark MLlib ……171

10.1 MLlib 简介 ……171
10.2 启动平台软件 ……172
10.3 分类实例 ……173
10.4 聚类实例 ……178
10.5 线性回归 ……180
10.6 协同过滤推荐 ……181
10.7 思考题 ……184
参考文献 ……185

## 第 11 章 Spark GraphX ……186

11.1 GraphX 简介 ……186
11.2 PageRank ……188
11.3 思考题 ……190
参考文献 ……190

## 第 12 章 Flume 入门 ……191

12.1 Flume 简介 ……191
12.2 Flume 的特性 ……192
12.3 Flume 的系统架构和运行机制 ……192
12.4 Flume 的安装、配置和运行 ……195
12.5 使用 netcat 完成数据注入的实例 ……197
12.6 以 HBase 为目标数据库的实例 ……198
12.7 以 Hive 为目标数据库的实例 ……200
12.8 Java 开发 ……204

12.9　如何安装 netcat ·············· 204
12.10　思考题 ·············· 204
参考文献 ·············· 204

## 第 13 章　Kafka 入门　206

13.1　Kafka 简介 ·············· 206
　　13.1.1　话题和分区 ·············· 207
　　13.1.2　数据分布与存储 ·············· 208
　　13.1.3　代理 ·············· 209
　　13.1.4　生产者 ·············· 209
　　13.1.5　消费者 ·············· 209
　　13.1.6　消息的顺序 ·············· 210
　　13.1.7　Kafka 的应用场景 ·············· 211
　　13.1.8　小结 ·············· 213
13.2　Zookeeper 与 Kafka ·············· 213
13.3　Kafka 的流数据处理组件 Kafka Streams ·············· 214
13.4　Kafka 在系统中的位置 ·············· 214
13.5　Kafka 的安装、配置和运行 ·············· 215
　　13.5.1　单 Broker 部署 ·············· 215
　　13.5.2　多 Broker 部署 ·············· 217
　　13.5.3　测试容错性 ·············· 219
13.6　安装问题 ·············· 220
13.7　Kafka 的 Java 编程 ·············· 220
13.8　Kafka 的综合实例 ·············· 227
13.9　Kafka 与 Flume 的配合 ·············· 228
13.10　流处理与批处理的结合 ·············· 231
13.11　思考题 ·············· 232
参考文献 ·············· 232

# 第1章 VMware 与虚拟机

为了进行 Hadoop 平台、Spark 平台以及相关工具的实验,需要一个集群环境。这个集群环境,通过如下过程建立。

(1) 在 Windows 操作系统里安装 VMware Workstation(简称 VMware),并进行虚拟网络环境配置。

(2) 在 VMware 里新建虚拟机,主机名为 hd-master,作为主节点。

(3) 在虚拟机里安装 CentOS,并进行网卡配置;配置 Samba 服务,以便实现 Linux 目录共享,从 Windows 把软件安装包快速复制到 Linux 虚拟机等;配置 SSHD 服务,以便从 Windows 通过 PuTTY[①] 登录并且操控虚拟机。

(4) 复制虚拟机 hd-master 两次,分别命名为 hd-slave1、hd-slave2,作为两个从节点,并且配置网卡。至此,hd-master、hd-slave1 和 hd-slave2 共同构成一个虚拟集群。

如果复制虚拟机再配置遇到较大困难,也可以分别创建虚拟机 hd-slave1、hd-slave2,并且各自安装 CentOS。

3 台虚拟机的网卡 IP 地址,分别设定为 192.168.31.129、192.168.31.130、192.168.31.131。

## ◆ 1.1 VMware 简介

VMware 公司成立于 1998 年,目前为 EMC 公司的子公司,总部设在美国加利福尼亚州帕罗阿尔托市,它是全球桌面到数据中心虚拟化解决方案的领导厂商。多年来,VMware 公司开发的桌面级产品 VMware 一直受到广大用户的欢迎。

VMware 是一款功能强大的桌面虚拟软件,它使用户在一台物理机器上就能够模拟完整的网络环境,运行多个虚拟机。这些虚拟机可以安装不同的操作系统,如 Windows、Linux、macOS 系统等。用户可以在这个虚拟机集群环境下,开发、测试、部署各种应用程序。VMware 的原理如图 1-1 所示。

---

① PuTTY 是在 Windows 上运行的一个终端程序,它通过 SSH 连接到 Linux,控制 Linux 系统,可通过 SOURCEFORGE 官网下载。

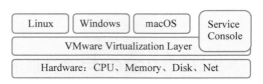

图 1-1　VMware 的原理图

　　VMware 功能全面，适合广大计算机专业人员使用。同时，其操作界面简单、直观，也适合非专业人员使用。其主要缺点是，由于采用寄居虚拟化技术，所以其性能不如裸机虚拟化技术高。

　　但是，由于现代计算机和服务器的性能都很好，所以用户对虚拟机的性能体验还是相当好的。VMware 以其灵活性、易用性，以及先进的技术，在众多虚拟机软件中脱颖而出。

## ◆ 1.2　VMware 的安装

　　在 Windows 操作系统里，运行 VMware-workstation-full-15.5.1-15018445.exe 安装程序，开始安装 VMware，选择"典型安装"即可。在安装过程中，需要输入序列号（Serial Number），如图 1-2 所示。

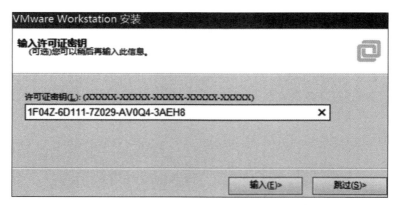

图 1-2　输入 VMware 序列号（序列号仅供参考）

## ◆ 1.3　VMware 的网络配置

　　为了保证 Windows 主机和虚拟机，以及虚拟机之间能够通过网络相互访问，需要对 VMware 的网络环境进行配置，包括对 VMnet0、VMnet1 和 VMnet8 等虚拟网卡进行配置。

### 1.3.1　VMnet0 网卡配置

　　VMware 环境的 VMnet0 网卡的网络配置如下。打开 VMware，选择"编辑"→"虚拟网络编辑器"命令,打开"虚拟网络编辑器"对话框,选择 VMnet0,把 VMnet0 桥接到 Windows 无线网卡,使得虚拟机可以存取 Internet,如图 1-3 所示。

图 1-3　VMware 环境的 VMnet0 网卡的网络配置

## 1.3.2　VMnet1 网卡配置

VMware 环境的 VMnet1 网卡的网络配置如下。打开 VMware,选择"编辑"→"虚拟网络编辑器"命令,打开"虚拟网络编辑器"对话框,选择 VMnet1,配置 VMnet1 的网络模式为"仅主机模式"。VMnet1 所在网段为 192.168.10.*,并且为其配置 DHCP。具体如图 1-4 和图 1-5 所示。

## 1.3.3　VMnet8 网卡配置

VMware 环境的 VMnet8 网卡的网络配置如下。打开 VMware,选择"编辑"→"虚拟网络编辑器"命令,打开"虚拟网络编辑器"对话框,选择 VMnet8,配置 VMnet8 的网络模式为"NAT 模式"。VMnet8 所在网段为 192.168.31.*,网关为 192.168.31.2。具体如图 1-6 和图 1-7 所示。

图 1-4 VMware 环境的 VMnet1 网卡的网络配置

（192.168.10.* 网段）

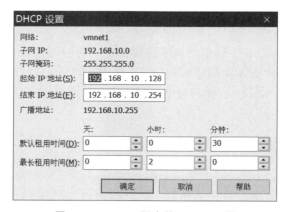

图 1-5 VMnet1 网卡的 DHCP 设置

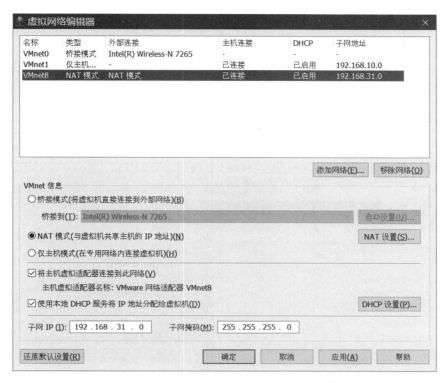

图 1-6　VMware 环境的 VMnet8 网卡的网络配置

（192.168.31.* 网段）

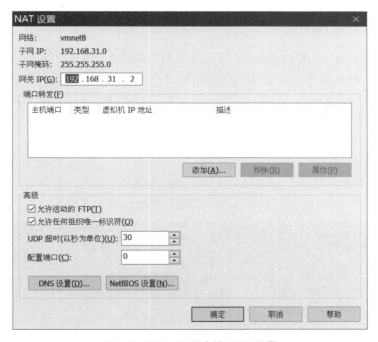

图 1-7　VMnet8 网卡的 NAT 设置

（网关为 192.168.31.2）

## 1.4　Windows 环境下对 VMnet8 的 DNS 进行配置

单击 Windows 的"开始"按钮,选择"设置"→"网络连接"选项,打开"网络设置"对话框。选择 VMnet8 网卡右击,在弹出的快捷菜单中选择"属性"命令,打开"网卡设置"对话框,对 Windows 环境下(VMware 安装在 Windows 下,VMnet8 是 Windows 的一个虚拟网卡)VMnet8 网卡的 DNS 进行配置,如图 1-8 所示。

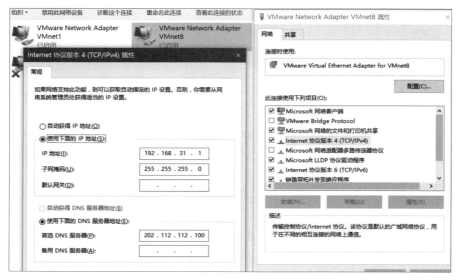

图 1-8　Windows 上的 VMnet8 网卡的 DNS 设置

选择"网络"选项卡,选中"Internet 协议版本 4(TCP/IPv4)复选框",单击"属性"按钮,在弹出的"Internet 协议版本 4(TCP/IPv4)属性"对话框中设置 IP 地址、子网掩码(Mask)、域名服务器(Domain Name Server,DNS)。DNS 的设置是为了让 192.168.31.* 网段可以寻访到 DNS,以便通过统一资源定位符(Uniform Resource Locator,URL)别名(而不是 IP 地址)访问互联网,如中国人民大学的 DNS 为 10.21.1.205 或 202.112.112.100。

单击"开始"按钮,选择"运行"选项,输入 cmd 命令,打开命令行窗口,输入并运行 ipconfig 命令,查看 VMnet1 和 VMnet8 两个网卡的配置,如图 1-9 所示。其中,VMnet1 网卡的 IP 地址为 192.168.10.1,VMnet8 网卡的 IP 地址为 192.168.31.1。

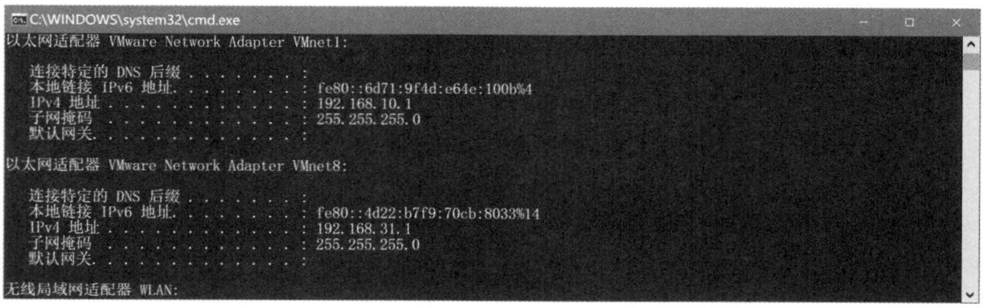

图 1-9　VMnet1 和 VMnet8 两个网卡的配置

## 1.5 利用管理员权限编辑网卡

如果在 VMware 的"虚拟网络编辑器"对话框上,VMnet0、VMnet1 或 VMnet8 等网卡无法编辑,用户可单击右下角的"更改设置"按钮,这个按钮将授予当前用户以管理员权限,如图 1-10 所示。

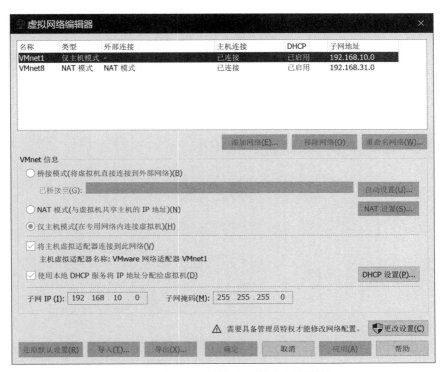

图 1-10 "虚拟网络编辑器"的更改设置按钮

## 1.6 总　　结

进行上述网络配置的目的如下。

(1) Windows 能够访问(ping)VMware 的 CentOS(VMware 虚拟机上将安装 CentOS)。

(2) VMware 的 CentOS 能够访问(ping)Windows。

(3) VMware 的 CentOS 之间能够互相访问,并且可以访问 Internet。

网络配置涉及以下 4 方面。

(1) VMware 本身的网络配置,包括 VMnet0、VMnet1、VMnet8 等网卡的配置。

(2) Windows 上 VMnet8 的 DNS 配置。

(3) VMware 虚拟机的网络模式设置(默认为 NAT)。

（4）VMware 虚拟机上安装的 CentOS 里网卡的 IP 地址设置。

目前已经解释了前两方面，其他两方面将在第 2 章进行介绍。

## 1.7 思 考 题

为 VMware 环境以及 CentOS 虚拟机配置网络的目的。

## 参 考 文 献

Josee He. 在 VMware 中为 CentOS 配置静态 IP 并可访问网络：Windows 下的 VMware[EB/OL].（2012-03-23）[2021-09-15]. https://blog.csdn.net/huojingjia/article/details/52909031.

# 第 2 章 CentOS 操作系统安装

本章讲述如何新建 VMware 虚拟机,为之安装 CentOS 7 操作系统,配置 CentOS 7 的网络参数,并且配置 Yum、Samba 及 SSHD 等服务。

## ◆ 2.1 新建 VMware 虚拟机

新建 VMware 虚拟机的过程如下。

运行 VMware,选择"文件"→"新建虚拟机"命令,打开"新建虚拟机向导"对话框,如图 2-1 所示。选择"自定义"单选按钮,单击"下一步"按钮,弹出"安装客户机操作系统"界面,如图 2-2 所示。选择"稍后安装操作系统"单选按钮,单击"下一步"按钮,弹出"选择客户机操作系统"界面,如图 2-3 所示。选择"客户机操作系统"为 Linux,"版本"为 CentOS 64bit。

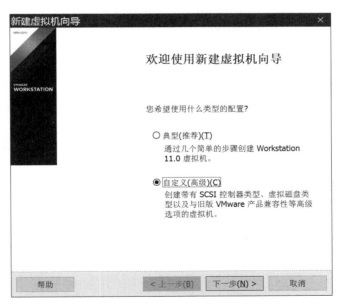

图 2-1 "新建虚拟机向导"对话框

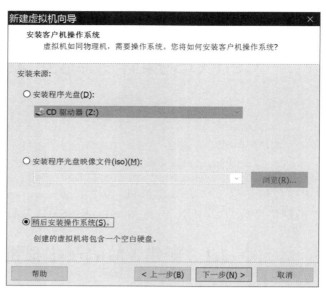

图 2-2 "安装客户机操作系统"界面

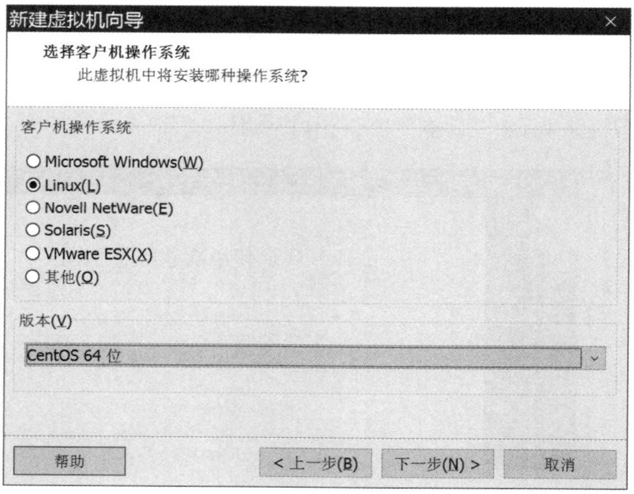

图 2-3 "选择客户机操作系统"界面

设置"虚拟机名称"和"位置",如图 2-4 所示。注意,这个虚拟机名称是在 VMware 里对虚拟机进行管理用的,与 CentOS 安装完成后在操作系统里给虚拟主机的命名(hostname)hd-master、hd-slave1、hd-slave2 是不一样的。然后,设置"处理器数量",如图 2-5 所示。

设置"此虚拟机的内存",如图 2-6 所示。如果物理机的内存为 8GB,那么可以给 Windows 保留 2GB,给虚拟机保留 2GB,3 台虚拟机总共占用 6GB;如果物理机的内存为 16GB,可以给虚拟机设置更多的内存,如 4GB。

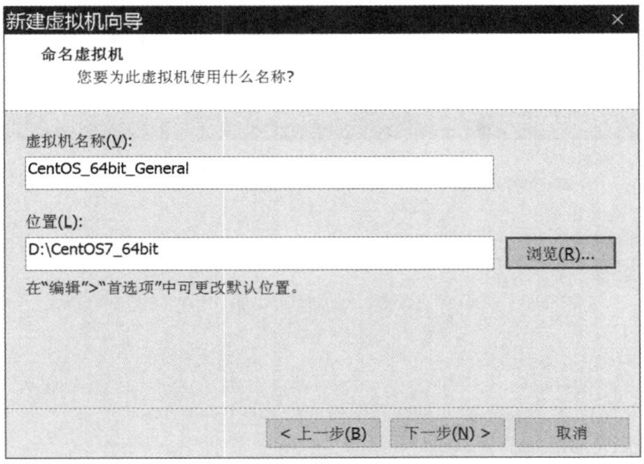


图 2-4　"命名虚拟机"界面

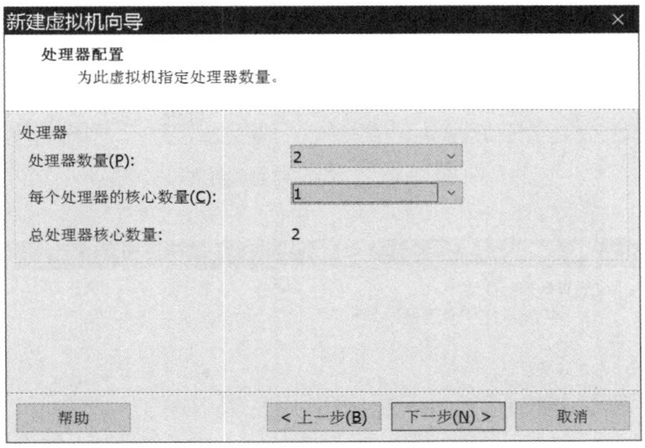


图 2-5　"处理器配置"界面

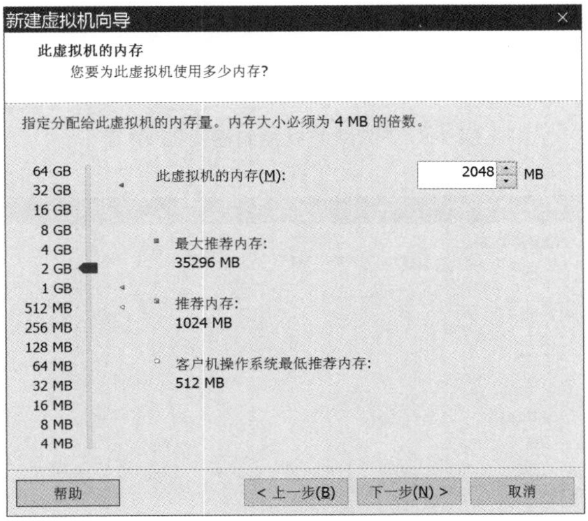


图 2-6　"此虚拟机的内存"界面

设置"网络类型",使用默认值即可,如图 2-7 所示。设置"I/O 控制器类型",使用默认值即可,如图 2-8 所示。选择"虚拟磁盘类型",使用默认值即可,如图 2-9 所示。

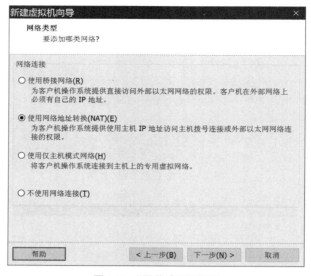

图 2-7 "网络类型"界面

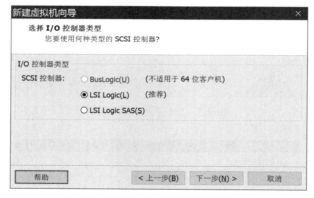

图 2-8 "选择 I/O 控制器类型"界面

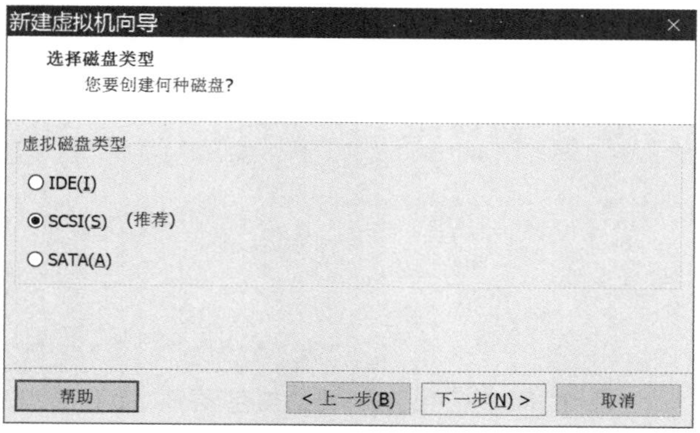

图 2-9 "选择磁盘类型"界面

如图2-10所示，选择"创建新虚拟磁盘"单选按钮，设置"最大磁盘大小"，需要设置足够大的容量，在这里选择33GB，如图2-11所示。

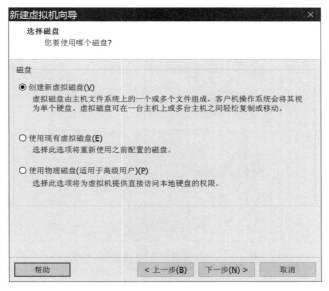

图2-10 "选择磁盘"界面

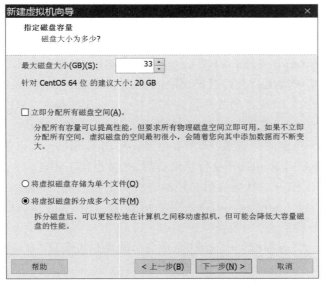

图2-11 "指定磁盘容量"界面

虚拟机的参数已经配置好，单击"完成"按钮，可以开始创建虚拟机，如图2-12所示。

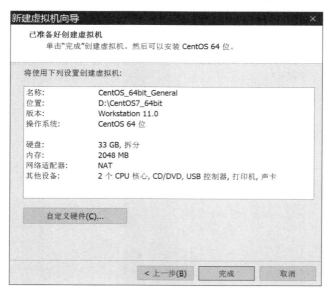

图 2-12 "已准备好创建虚拟机"界面

## 2.2 安装 CentOS

CentOS 是 Community Enterprise Operating System 的简称,也称社区企业操作系统,是 Linux 的一个发行版本。在 Red Hat Linux 家族中有一个企业版的产品线,即 RHEL(Red Hat Enterprise Linux),CentOS 正是 RHEL 的克隆版本。构成 RHEL 的大多数软件包,都是基于通用公共许可证(General Public License,GPL)发布的。Red Hat 公司遵循 GPL,将构成 RHEL 的软件包公开发布。CentOS 是在 RHEL 发布的软件包的基础上,将 RHEL 的主要成分克隆,重新构造的一个 Linux 发行版本。

CentOS 是一个稳定的操作系统,完全免费。使用 CentOS,可以像 RHEL 一样构筑 Linux 环境,但不需要向 Red Hat 支付任何费用,当然也得不到任何有偿技术支持以及升级服务。对于 CentOS,开源社区提供长期的升级和更新的支持,CentOS 7 x64 的图形用户界面(Graphic User Interface,GUI)如图 2-13 所示。CentOS 独有的 yum 命令支持在线升级,可以即时更新系统。

选择 VMware 的"虚拟机"→"设置"命令,打开"虚拟机设置"对话框。在"硬件"选项卡中选择 CD/DVD(IDE)选项,把只读存储光盘(Compact Disc Read-Only Memory,CD-ROM)指向一个本地硬盘上的 CentOS 安装盘 ISO 文件(如 Windows 的 D 盘上某个子目录下的 Cent-OS-7-x86_64-Everything-1503-01.iso 文件),如图 2-14 所示。

这时候,虚拟机的光驱绑定到 CentOS ISO 安装文件上。或者说,该文件将作为一个光盘(盘片),安装到虚拟机的 CD-ROM。Windows 硬盘上的这个文件,在虚拟机启动时将作为虚拟机的光盘来使用。

选择 VMware 的"虚拟机"→"电源"→"启动客户机"命令,启动虚拟机。虚拟机将从

第 2 章　CentOS 操作系统安装

图 2-13　CentOS 7 x64 的图形用户界面

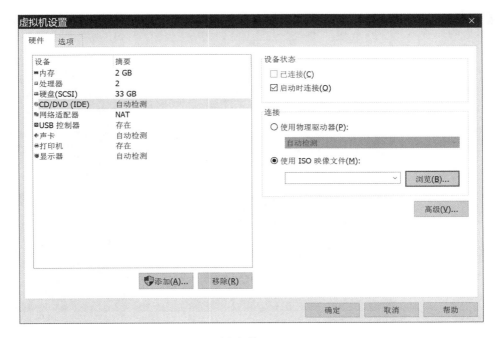

(a) 虚拟机的CD-ROM

图 2-14　虚拟机的 CD-ROM 指向 Windows 文件系统的 CentOS 安装盘 ISO 文件

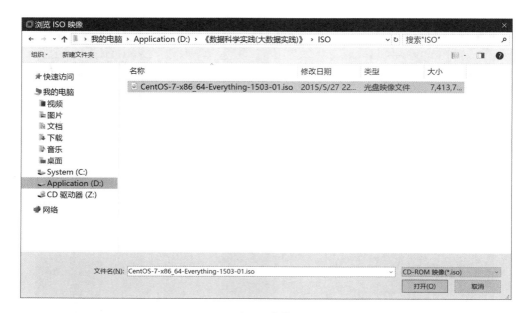

(b) ISO文件

图 2-14 （续）

光盘启动，并且安装 CentOS 操作系统，如图 2-15 所示。

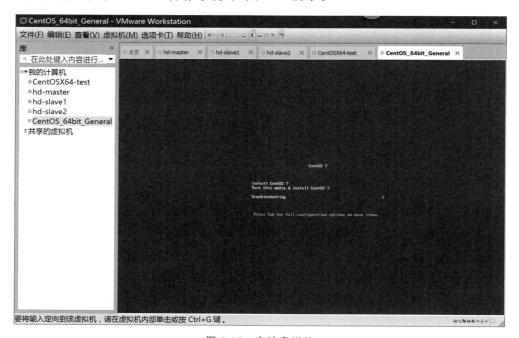

图 2-15 启动虚拟机

选择安装 CentOS 7 使用的语言，如图 2-16 所示。

图 2-16  选择安装 CentOS 7 使用的语言

设置安装媒介、安装位置等信息。单击"开始安装"按钮,开始安装 CentOS 7,如图 2-17 所示。

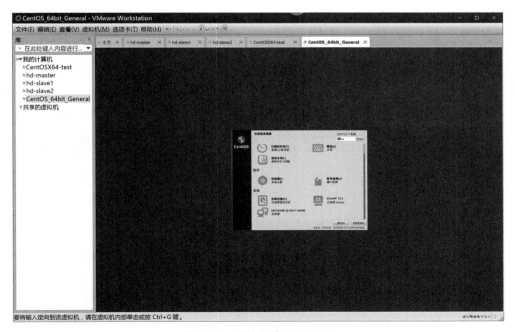

图 2-17  开始安装 CentOS 7

安装过程中,需要设置"root 密码",一定要记住这个密码,如图 2-18 所示。

图 2-18 设置"root 密码"

安装完成以后,重新启动虚拟机。

## 2.3 配置 Yum

配置 Yum(软件包安装管理程序)的目的是为 CentOS 安装其他软件包(默认未安装)服务的。选择 VMware 的"虚拟机"→"设置"命令,打开"虚拟机设置"对话框。在"硬件"选项卡中选择CD/DVD(IDE)选项,选中"已连接""启动时连接"复选框,如图 2-19 所示。

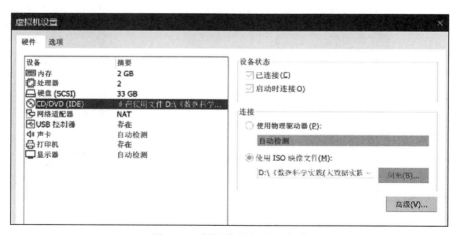

图 2-19 保证虚拟机光驱启动

注意：绑定 Windows 文件系统的 CentOS 安装盘 ISO 文件。

以用户 root 登录 CentOS，在一个终端窗口（Terminal）里面执行如下命令，查看光盘是否安装成功。注意，两个斜杠(//)及右边的文字是注释。

```
df

mount /dev/sr0 /mnt              //把光盘 mount 挂载到/mnt 目录下
df                               //查看是否已经挂载
```

这里把光盘 mount 挂载到/mnt 目录下，也可以挂载到/mnt 目录下的某个子目录。例如，mount/dev/sr0/mnt/CentOS\7\x86_64。注意，命令里的斜杠(\)是转义字符。

安装 Yum，需要安装如下几个重要的软件包。

```
cd /mnt
cd Packages
rpm -ivh python-iniparse-0.4-9.el7.noarch.rpm
rpm -ivh yum-metadata-parser-1.1.4-10.el7.x86_64.rpm
rpm -ivh yum-3.4.3-125.el7.centos.noarch.rpm
```

为 Yum 配置本地 Yum 源，从本地源（即光盘）安装必要的其他软件。CentOS-7-x86_64-Everything-1503-01.iso 文件包含了 CentOS 7 的所有软件包，只不过默认安装时很多软件包并没有安装。

Yum 可以从本地磁盘、光盘、网络硬盘、互联网网址等来源安装需要的软件。现在，我们既然已经有了一个 All-In-One 的 CentOS 安装盘 ISO 文件，并且已经通过虚拟机 CD-ROM 挂载到/mnt 目录下，就可以通过这个目录安装必要的软件，无须上网安装其他软件包。

基本的逻辑是，Windows CentOS 安装盘 ISO 安装文件→虚拟机 CD-ROM→mount 挂载到/mnt 目录→把/mnt 目录作为 Yum 安装源。配置好了 Yum 以后，就可以进行其他软件的安装。

如下命令序列建立了一个 Yum 的配置文件（配置软件安装源）。其中，echo 命令是给/etc/yum.repos.d/CentOS-Debuginfo.repo 文件添加内容。

```
cd /etc/yum.repos.d
rm -rf CentOS-Debuginfo.repo
touch CentOS-Debuginfo.repo

echo "[base-debuginfo]" >>  CentOS-Debuginfo.repo
echo "name=CentOS7" >> CentOS-Debuginfo.repo
echo "baseurl=file:///mnt" >>  CentOS-Debuginfo.repo
echo "enabled=1" >>  CentOS-Debuginfo.repo
echo "gpgcheck=0" >>  CentOS-Debuginfo.repo
```

```
cat CentOS-Debuginfo.repo

cd /etc/yum.repos.d
mkdir bak
mv * bak
cd bak
mv CentOS-Debuginfo.repo ..
```

接下来,进行 Yum 环境配置,具体命令如下。

```
yum clean all                    //清除 Yum 仓库缓存
yum makecache                    //创建 Yum 仓库缓存
yum repolist                     //列出可用 Yum 仓库
yum grouplist                    //列出程序组
```

## ◆ 2.4 为 CentOS 安装图形用户界面

有时默认安装的 CentOS 没有安装图形化用户界面,操作起来很不方便,需要用户自行安装。通过如下命令安装图形用户界面,以及启动图形用户界面。

```
yum -y groupinstall "Server with GUI"   //安装图形用户界面程序组

startx                                   //启动 X Window 进入图形用户界面桌面
```

为了保证每次 CentOS 重新启动时,都自动进入图形用户界面,需要进行必要的设置,即设置默认运行级别为图形用户界面,具体如下。

```
systemctl get-default                    //查看默认运行级别
cat /etc/inittab

systemctl set-default graphical.target   //设置默认运行级别
systemctl get-default                    //查看默认运行级别
reboot                                   //重启虚拟机
```

## ◆ 2.5 CentOS 的网络配置

### 2.5.1 虚拟机的网络配置

在 VMware 里,检查 VMware 刚安装的虚拟机的网络,为 NAT(Network Address Translation)模式。

打开 VMware,选择"虚拟机"→"设置"命令,打开"虚拟机设置"对话框。在"硬件"选项卡中选择"网络适配器"选项,选择"NAT 模式"单选按钮,如图 2-20 所示。注意,新建虚拟机时,应该就是 NAT 模式,所以一般不用修改。

图 2-20　VMware 虚拟机的网络为 NAT 模式

NAT 的基本原理:当私有网主机和公共网主机通信的 IP 包经过 NAT 网关时,将 IP 包中的源 IP 地址或目的 IP 地址,在私有 IP 地址和公共 IP 地址之间进行转换。图 2-21 展示了 NAT 的基本原理。

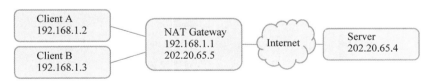

图 2-21　NAT 的基本原理

我们为 3 台虚拟机分配的 IP 地址分别是 192.168.31.129、192.168.31.130、192.168.31.131,这 3 个 IP 地址是 3 个私有的 C 类地址,所以需要 NAT,以便访问公网。

### 2.5.2　在 CentOS 操作系统里对网卡进行设置

在 CentOS 的图形用户界面里,配置 CentOS Linux 网卡的 IP 地址、子网掩码、网关(Gateway)和 DNS 等。选择"应用程序"→"系统工具"→"设置"命令,打开"设置"对话框,选择"网络"按钮,打开图 2-22。如果打不开这个对话框,可以在终端上运行 service

NetworkManager start 命令,再次尝试打开该对话框。

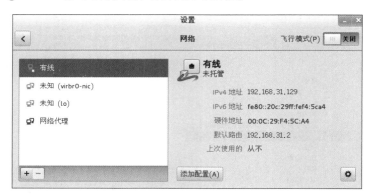

图 2-22　CentOS 的网络配置

添加网络配置,并进行设置。需要选定 MAC 地址,以及设置 IP 地址、子网掩码、网关和 DNS 等。hd-master 的 IP 地址为 192.168.31.129,子网掩码为 255.255.255.0,网关为 192.168.31.2,DNS 为 10.21.1.205 或 202.112.112.100(中国人民大学 DNS),如图 2-23 所示。hd-slave1 的 IP 地址为 192.168.31.130,hd-slave2 的 IP 地址为 192.168.31.131,它们的其他网络参数和 hd-master 是一样的。

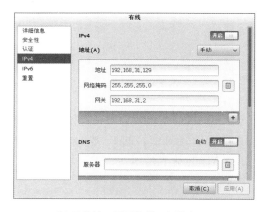

(a) MAC地址　　　　　　　　　　(b) IP地址、子网掩码、网关和DNS

图 2-23　CentOS 网络配置

接下来,验证 Linux 和 Windows 之间能够互相 ping 通。

假设 Windows 的无线网络,其 IP 地址为 10.48.217.193。Linux(CentOS)的网卡,其 IP 地址为 192.168.31.129。

在 Linux 上,通过终端运行命令 ping 10.48.217.193,验证网络连通性,如图 2-24 所示。

在 Windows 上,通过命令行接口(单击"开始"按钮,选择"运行"命令,输入 cmd,按 Enter 键运行 cmd 命令,打开命令行窗口)运行命令 ping 192.168.31.129,验证网络连通性,如图 2-25 所示。

图 2-24　Linux ping Windows

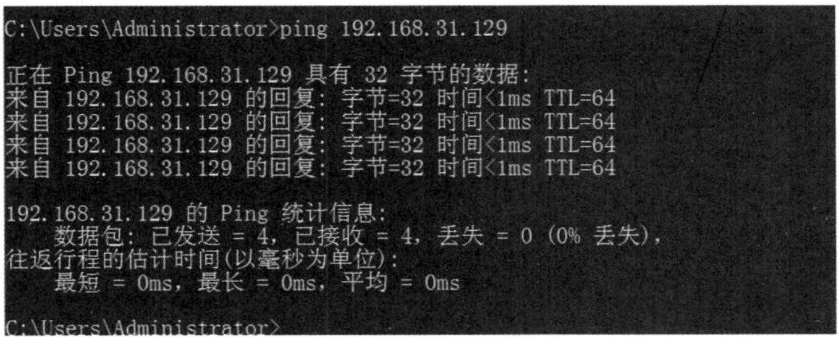

图 2-25　Windows ping Linux

两个方向的 ping 操作都成功,表示 CentOS 虚拟机的网络环境已经配置好。

## 2.6　Samba 配 置

Samba 是 CentOS 上运行的一个服务,它可以把 Linux 的某个目录(如 opt/linuxsir)共享,用户可以方便地在 Windows 进行访问、交换文件,并随意读写文件。

首先,为集群环境安装 Hadoop、Spark 及相关工具时,一般需要下载安装包,然后进行安装。可以在 Windows 下载安装包,然后通过 Samba 共享的目录,把安装包传送到虚拟机的共享目录下。

其次,可以把 Hadoop、Spark 及相关工具安装在 opt/linuxsir 目录下。这时可以在 Windows 上通过共享目录方便地使用 Windows 的文本编辑器(如 UltraEdit),对配置文件进行编辑。

最后,如果在软件启动或运行过程中有什么问题,会记录 Log 文件。可以在 Windows 上用文本编辑器,通过共享目录打开 Log 文件进行查看,判断问题。

Samba 的具体安装和配置过程如下。

以 root 用户身份,在 CentOS 终端运行如下命令安装 Samba。

```
mount /dev/sr0 /mnt
yum install samba samba-client samba-common
```

或者用下面 3 行命令安装 Samba。

```
yum -y -nodeps install samba-common-4.1.12-21.el7_1.x86_64.rpm
yum -y -nodeps install samba-client-4.1.12-21.el7_1.x86_64.rpm
yum -y -nodeps install samba-4.1.12-21.el7_1.x86_64.rpm
```

可以在终端运行如下命令关闭防火墙。

```
systemctl start firewalld.service
systemctl stop firewalld.service
systemctl disable firewalld.service
```

可以在终端运行如下命令关闭安全 Linux。

```
setenforce 0
```

或者编辑/etc/selinux/config 文件,修改如下。

```
SELINUX=disabled
```

然后,重启虚拟机。

配置 Samba,编辑/etc/samba/smb.conf 文件,文件内容如下。在终端显示文件内容,如图 2-26 所示。

```
[global]
    workgroup=WorkGroup
    server string=Samba Server Version %v
    netbios name= CentOS7SMB

    security=user
    log file=/var/log/samba/log.%m
    max open files=2000
    map to guest=Bad User

[linuxsir]
    comment=Share for Everyone
    path=/opt/linuxsir
    guest ok=yes
    public=yes
    writable=yes
    printable=no
```

```
create mask=0777
directory mask=0777
```

图 2-26  /etc/samba/smb.conf 文件内容

测试 Samba 参数配置是否正确。

```
testparm
```

建立共享用的目录，授予任何人任何操作的权限。

```
cd /
cd /opt
mkdir linuxsir
chown -R nobody:nobody /opt/linuxsir
chmod -R a+rwx /opt/linuxsir
```

启动 Linux Samba，命令如下。

```
service smb stop
service nmb stop
service smb status -l

service smb start
service nmb start
service smb status -l
```

在 Linux 虚拟机，通过 Samba Client 本地连接 Samba Server，验证 Samba 是否正常工作。

```
smbclient //192.168.31.129/linuxsir -U guest
//密码为空,因为/etc/samba/smb.conf 文件里已经配置任何人可以存取/opt/linuxsir
//目录
ls
```

设置开机时自动启动 Samba。

```
chkconfig smb on
```

在 Windows 资源管理器地址栏里输入\\192.168.31.129 就可以访问共享目录，无须输入用户名和密码，如图 2-27 所示。

图 2-27 在 Windows 访问 Linux 通过 Samba 共享的目录

## 2.7 配置 SSHD

配置 SSHD(Secure Shell Daemon)的目的是在 CentOS 上运行 SSHD 服务器，以便在 Windows 通过 PuTTY(Secure Shell Client)连接到 CentOS，对虚拟机进行管理，包括软件的安装、配置、运行等。可以通过 PuTTY 控制整个集群，而不是到每台机器的终端上进行操作。

首先判断 CentOS 是否安装 SSH。

```
rpm -qa openssh
rpm -qa openssh-server

mount /dev/sr0 /mnt                              //把光盘挂载到/mnt 上面

//安装 openssh、openssh-server
yum -y install openssh-6.6.1p1-11.el7.x86_64
yum -y install openssh-server-6.6.1p1-11.el7.x86_64
```

启动 SSHD。

```
ps -ef |grep sshd
```

```
service sshd stop
service sshd start
```

在 Windows 上运行 PuTTY，打开 PuTTY 终端界面，连接到 192.168.31.129。

可以把实验用的脚本（如 Hadoop 的安装、启动命令）放在一个文本文件中。通过 Copy & Paste 到 PuTTY 界面运行 Linux 命令，加快实验过程。

如果每次都临时手工输入命令，这样就太慢了。

如果从 Windows 可以 ping 通 Linux，但是 PuTTY 连接 Linux 提示 Connection refused，解决方法如下。

```
//生成 key
ssh-keygen -t dsa -f /etc/ssh/ssh_host_dsa_key
ssh-keygen -t rsa -f /etc/ssh/ssh_host_rsa_key

//关闭防火墙
systemctl start firewalld.service
systemctl stop firewalld.service
systemctl disable firewalld.service

//重新启动 SSHD
ps -ef |grep sshd
service sshd stop
service sshd restart
```

再从 Windows 通过 PuTTY 连接到 Linux，即可成功登录。

## 2.8 重新启动虚拟机需要执行的命令

每次重新启动虚拟机，应该启动相关服务，为实验做好准备。

在 CentOS 的终端运行如下命令。

```
//启动 Samba
service smb restart
service nmb restart
service smb status -l

//启动 SSHD
service sshd restart
```

如下两个命令是可选的。

```
//重启 MariaDB[①]
systemctl restart mariadb.service        //需要事先安装 MariaDB 服务器,此处尚未用
                                         //到 MariaDB

//重启 httpd Web 服务器
systemctl restart httpd.service          //需要事先安装 httpd Web 服务器,此处尚未用
                                         //到 httpd Web 服务器
```

**注意**:MariaDB 将由 Hive 服务器用到,作为 Metastore 存放元信息(Metadata)。

启动虚拟机后,可以使用 VMware 的暂存功能,把正在运行的虚拟机状态暂存,下次启动就会快很多,正在运行的服务不用重新启动。

## ◆ 2.9 思 考 题

1. 为虚拟机配置 Yum 的目的。
2. 为虚拟机配置 Samba 的目的。
3. 为虚拟机配置 SSHD 的目的。

---

① MariaDB 就是 MySQL。

# 第 3 章　Hadoop 入门

本章介绍 Hadoop 分布式文件系统（Hadoop Distributed File System，HDFS）及 MapReduce 编程模型的基本原理。Hadoop 已经从 1.0 版发展到 2.0 版、3.0 版，在介绍 Hadoop 1.0 的基础上，本章对 Hadoop 2.0 进行了初步介绍。

## ◆ 3.1　Hadoop 简介

Apache Hadoop 是存储和处理大数据的开源软件框架。Hadoop 项目由 Doug Cutting 和 Mike Cafarella 于 2005 年创建，其最初的目标是提供 Nutch 搜索引擎的分布式处理能力。目前，Doug Cutting 是 Cloudera 公司的首席架构师，Cloudera 是一家基于 Hadoop 开源软件、提供增值开发和服务的创业公司。

在扩展性（Scalability）方面，Hadoop 能够在上千台机器组成的集群上运行。大规模集群的可靠性，不能仅仅靠硬件来保证，因为节点的失败、网络的失败等状况不可避免。为了能够在大规模集群上顺利运行，Hadoop 的所有模块，其设计原则都基于这样的基本假设，即硬件的失败在所难免，每个节点都没有那么可靠，可能发生节点失败状况，软件框架应该能够自动检测和处理这些失败情况。Hadoop 通过软件，在大规模集群上提供高可用性（High Availability）。

Hadoop 软件框架使用简单的编程模型 MapReduce。在 Hadoop 1.0 中，用户只需以 Map 函数和 Reduce 函数的形式提供数据处理逻辑，就可以在大规模集群上对大数据进行处理。系统的可靠性、扩展性，以及分布式处理等功能，由系统软件层提供，用户无须关心。

2013 年，Hadoop 已经从 1.0 演化发展到 2.0（YARN[①]）。目前，Hadoop 3.0 已经处于 General Available 状态，本书仍以 Hadoop 2.7.3 版为准进行介绍。在介绍 Hadoop 软件时，首先介绍 Hadoop 1.0 的关键技术，然后对 Hadoop 2.0 的新特性做详细的介绍。

Hadoop 软件框架，包含如下主要模块。

（1）Hadoop Common。这个模块包含了其他模块需要的库函数和实用

---

① YARN 全称 Yet Another Resource Negotiator。

函数。

（2）HDFS。这是在由普通服务器组成的集群上运行的分布式文件系统，支持大数据的存储。通过多个节点的并行 I/O，提供极高的吞吐能力。

（3）Hadoop MapReduce。一种支持大数据处理的编程模型。

（4）Hadoop YARN。这是 Hadoop 2.0 的基础模块，它本质上是一个资源管理和任务调度软件框架。它把集群的计算资源管理起来，为调度和执行用户程序提供支持。

值得指出的是，HDFS 和 MapReduce 分别是受到 Google 文件系统（Google File System，GFS）、Google MapReduce 计算模型的启发，对其进行模仿实现的开源软件。

## 3.2 HDFS

HDFS 是一个分布式的、高可扩展的文件系统。它使用 Java 语言进行编写，具有良好的可移植性。

一个 HDFS 集群一般由一个 NameNode 和若干 DataNode 组成，分别负责元信息的管理和数据块（Block）的管理，如图 3-1 所示。

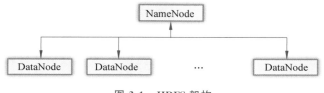

图 3-1　HDFS 架构

NameNode 是 HDFS 中的管理者。它负责管理文件系统的命名空间，维护文件系统的文件树以及文件树中全部的文件和文件夹的元数据。这些信息存储在 NameNode 维护的两个本地磁盘文件里：命名空间镜像文件（FsImage）和编辑日志文件（EditLogs）。同时，NameNode 中还保存了每个文件及其数据块所在的 DataNode 的对应关系，这些信息被用于其他功能组件查找文件（数据块）所在的 DataNode。

DataNode 是 HDFS 中保存数据的节点。

HDFS 支持太字节（TB）级甚至拍字节（PB）级大小文件的存储，它把文件划分成数据块，分布到多台机器上进行存储。为了保证系统的可靠性，HDFS 把数据块在多个节点上进行复制（Replicate）。

如果 HDFS 采用的复制因子（Replicate Factor）为 3，那么每个数据块有 3 个副本，被保存到 3 个节点上，其中的两个节点在同一个机架内，另一个节点一般在其他机架上。DataNode 之间可以复制数据副本，从而重新平衡每个节点存储的数据量，并且保证系统的可靠性（保证每个数据块都有足够的副本）。DataNode 定期向 NameNode 报告其存储的数据块列表，以备用户通过直接访问 DataNode 获得相应的数据。

HDFS 一般存储不可更新的文件，只能对文件进行数据的追加。Hadoop 大数据处理系统一般用来支持大数据的分析型处理，数据一旦装载，一般无须进行更新。

由于 HDFS 是用 Java 编写的，所以它内生地支持 Java 应用程序接口（Application Program Interface，API）。此外，HDFS 还支持各种流行的编程语言，包括 C++、Python、Ruby 和 C# 等。

Hadoop 的上层模块，如 MapReduce 计算模型的运行时（Runtime），根据 NameNode 上的元信息就可以知道每个数据块有多少副本，这些副本分别存放到哪些节点上，于是可以把计算任务分配到这些节点上执行。把计算移动到数据上，而不是移动数据本身，大大减少了大数据处理过程中的数据移动开销，加快计算过程。

### 3.2.1 写文件

为了进行文件数据的读写，客户端询问 NameNode，了解到它应该存取哪些 DataNode，然后客户端直接和 DataNode 进行通信，数据的传输使用 Data Transfer 协议，这是一个流数据传输协议，可以提高数据传输的效率。

所有 NameNode 和 DataNode 之间的通信，包括 DataNode 的注册、心跳信息、报告数据块的元信息等，都是由 DataNode 发起请求，NameNode 被动应答并完成管理。

当创建一个文件时，客户端把文件数据缓存在一个临时的本地文件。当本地文件累积了超过一个数据块大小的数据时，客户端程序联系 NameNode。NameNode 更新文件系统的命名空间（Namespace），并且返回新分配的数据块的位置信息。客户端程序根据这个信息把文件块数据从本地临时文件发送给（Flush）DataNode 进行保存。当文件关闭（Close）时，剩下的最后一个数据块传输到 DataNode 进行保存。

接下来介绍 HDFS 如何创建一个文件，把数据写入后关闭文件。整个过程涉及 7 个主要的步骤，如图 3-2 所示。

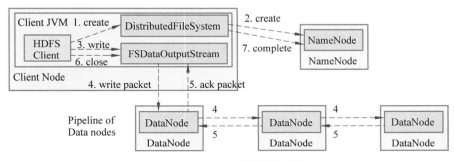

图 3-2　HDFS 文件的写入过程

（1）客户端程序调用 DistributedFileSystem 的 create 方法。

（2）DistributedFileSystem 向 NameNode 发起一个远程过程调用（Remote Procedure Call，RPC），由其在其文件系统的命名空间里创建一个新文件。这时，该文件还没有任何数据块。

NameNode 进行一系列的检查，保证文件并未存在（才可以新建），而且客户端有权限创建该文件。如果检查通过，那么 NameNode 为新文件创建一个新的记录，保存其信息，否则文件创建失败。

如果文件创建成功,DistributedFileSystem 返回 FSDataOutputStream 给客户端程序,以便其开始写入数据。FSDataOutputStream 包含一个 DFSOutputStream 对象,负责和 NameNode 以及 DataNode 的通信。

(3) 当客户端开始写入数据,DFSOutputStream 把数据分解成数据包(Packet),并且写入一个内部队列,称为数据队列(Data Queue)。DataStreamer 消费这个数据队列,请求 NameNode 为新的数据块分配空间,即选择一系列合适的 DataNode,用于存放各个数据块的副本。

(4) 存放各个副本的 DataNode 形成一个流水线(Pipeline),假设复制因子是 3,于是在流水线上有 3 个节点。DataStreamer 把数据包发送到第一个 DataNode,这个 DataNode 保存数据包,并且转发给流水线上的第二个 DataNode。

当写入数据已经超过一个数据块的大小时,DataStreamer 向 NameNode 申请为新的数据块分配空间。

第二个 DataNode 保存这个数据包,并且转发给第三个(最后一个)DataNode。

(5) DFSOutputStream 同时维护一个数据包的内部队列(Internal Queue),用于等待接收 DataNode 的应答信息,称为 Ack Queue。当某个数据包已经被流水线上的所有 DataNode 应答以后,它才被(从 Ack Queue 上)删除。

(6) 当客户端程序完成数据写入,它调用 FSDataOutputStream 数据流的 close 方法。

(7) 客户端把所有剩余的数据包发送到 DataNode 流水线上,并且等待应答信息,最后联系 NameNode,告诉它文件结束。

NameNode 知道文件由哪些数据块构成(DataStreamer 请求它为新的数据块分配空间),它等待数据块的复制完成,然后返回文件创建成功。

### 3.2.2 读文件

在进行文件读取时,首先客户端程序使用将要读取的文件名、读取范围(Read Range)的开始偏移量和读取范围的长度等信息,询问 NameNode。NameNode 返回落在读取范围内的数据块的位置(Location)信息。每个数据块的位置信息条目,根据与客户端的临近性(Proximity)进行排序。客户端一般选择最临近的 DataNode,向其发送读取请求。

对整个文件进行读取的过程,如图 3-3 所示。

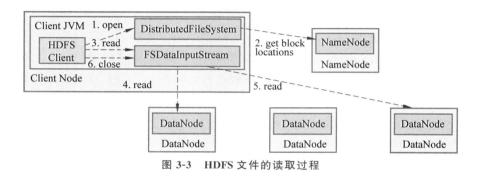

图 3-3　HDFS 文件的读取过程

客户端程序从 HDFS 读取整个文件的主要步骤如下。

（1）客户端程序通过调用 FileSystem 对象的 open 方法打开文件，获得 DistributedFileSystem 类的一个实例。

（2）DistributedFileSystem 通过远程过程调用 NameNode，获得文件首批数据块的位置信息。对于每个数据块来说，NameNode 会返回拥有这个数据块副本的所有 DataNode 的地址。DistributedFileSystem 返回 FSDataInputStream 类的一个实例，这是一个输入流（Input Stream），支持文件的定位和数据的读取，使得客户端可以读取文件数据。FSDataInputStream 包含了一个 DFSInputStream 对象，负责管理客户端对 HDFS 的 DataNode 和 NameNode 的存取。

（3）客户端程序从输入流上调用 read 函数。由于 DFSInputStream 已经保存了文件首批若干数据块所在的 DataNode 的地址，DFSInputStream 连接最近的（Closest）DataNode，读取文件的第一个数据块。

（4）数据从 DataNode 源源不断传送回客户端程序，而客户端程序则不断地调用数据流的 read 方法。

（5）当到达数据块的末尾时，DFSInputStream 将关闭 DataNode 的连接，然后寻找下一个数据块最优的 DataNode，以便进行后续数据块的读取。DataNode 的选择对客户端程序是透明的，客户端程序只是从一个连续的数据流进行读取。

客户端按照顺序读取各个数据块。当客户端不断读取数据流时，在数据块的边界，DFSInputStream 不断创建到保存有后续数据块的 DataNode 的连接。DFSInputStream 同时向 NameNode 询问和提取下一批数据块的 DataNode 的位置信息。

（6）当客户端完成文件的读取，它调用 FSDataInputStream 实例的 close 方法。

### 3.2.3　Secondary NameNode 介绍

NameNode 集中存储了 HDFS 的元信息。它负责执行命名空间的一些操作，如创建、删除、修改、列出所有文件和目录等。它还执行数据块的管理操作，包括把文件映射到所有的数据块、创建和删除数据块、管理副本的放置和进行重新复制操作等。

此外，NameNode 还负责 DataNode 的成员管理，即接受其注册（Registration）和周期性的心跳信息（Heart Beat）等。客户端和 HDFS 的数据传输是在客户端和 DataNode 之间进行的，数据传输不经过 NameNode。

为了支持高效的存取操作，NameNode 把所有的元信息保存在内存中，包括文件命名空间、文件到数据块的映射、每个数据块副本的位置信息等。这些信息，也持久化到 NameNode 的本地文件系统。NameNode 的本地文件包括 FsImage 文件和 EditLogs 文件。FsImage 文件保存这些元信息。EditLogs 文件则是一个事务日志（Transaction Log）文件，记录了对文件系统元信息的所有更新操作，如创建文件、改变文件的复制因子等。

当 NameNode 启动（或者重启）时，它装载 FsImage 文件，并且把 EditLogs 的所有事务日志，应用到从 FsImage 文件装载的元信息上，得到文件系统元数据的一个新快照（即新的 FsImage），接着把这个新的 FsImage（内存中）保存到磁盘，并且截短 EditLogs。此后，在 NameNode 运行过程中，EditLogs 继续记录对文件系统的改动的日志序列。

由于 NameNode 保存了 HDFS 的所有元信息，只有 NameNode 才知道如何从 DataNode 的各个数据块重构一个文件。NameNode 出故障，将引起整个 HDFS 不能提供服务。

一般来讲，在生产系统中 NameNode 是很少重启的，于是 NameNode 运行了很长时间之后，EditLogs 文件会变得越来越大。如何存储越来越大的 EditLogs 文件是一个问题，而且下次 NameNode 重启，会花费相当长的时间。因为 EditLogs 包含了很多改动，需要合并到 FsImage 文件中。

Secondary NameNode 为解决上述问题而生。Secondary NameNode 的职责是合并 FsImage 文件和 EditLogs 文件，生成新的快照（即新的 FsImage）。

首先，当 NameNode 的 EditLogs 文件的大小达到一个临界值（默认是 64MB）或者间隔一段时间（默认是 1h）时，它发出一个检查点（Checkpoint）指示给 Secondary NameNode。

然后，Secondary NameNode 到 NameNode 获取 FsImage 和 EditLogs。在 NameNode 上，当触发一个 Checkpoint 操作时，NameNode 会生成一个新的 EditLogs，即 EditLogs(New)。

Secondary NameNode 把 EditLogs 应用到 FsImage，得到新的 FsImage（即 Checkpoint）文件以后，把它复制回 NameNode 中。NameNode 用新的 FsImage（即 Checkpoint）和 EditLogs(New)，替换原来的 FsImage 和 EditLogs，保持 EditLogs 的规模可控。NameNode 在下次重启时，会使用这个新的 FsImage 文件，这样它需要处理的 EditLogs 记录变少很多，减少了重启的时间。

可以看到，Secondary NameNode 的工作是定期合并 FsImage 和 EditLogs。Secondary NameNode 需要在另一台机器上运行，它需要和 NameNode 一样规模的 CPU 计算能力和内存空间，以便完成这个工作。

如果 NameNode 出现故障，这时可以准备另一台机器，硬件规格和 NameNode 类似，配置文件一样。把 Secondary NameNode 的 Checkpoint 复制过来，进行 import 操作，可以恢复 FsImage，于是可以把这台机器当作新的 NameNode 来使用。由于 Secondary NameNode 不是进行同步的备份，所以它会丢失故障的 NameNode 的部分 EditLogs 数据。

对 Secondary NameNode 的改进是 BackupNode，即备份节点。这个节点的运行模式类似关系数据库管理系统（Relational Database Management System，RDBMS）使用的主从复制功能，NameNode 可以实时地将日志传送给 BackupNode，BackupNode 及时把日志合并到 FsImage（在内存中），然后将内存中的 FsImage 保存到本地磁盘，并且重置 EditLogs。

当 NameNode 出故障时，BackupNode 能够恢复出最新的 FsImage。

## ◆ 3.3 MapReduce 工作原理

下面从两方面介绍 MapReduce：一方面是 MapReduce 作业（Job）是如何运行的；另一方面是 MapReduce 编程模型是如何把一个计算任务表达成一个 Map 函数和一个

Reduce 函数的。

## 3.3.1 MapReduce 执行引擎

MapReduce 执行引擎运行在 HDFS 之上，包括 JobTracker 和 TaskTracker 两个主要的组成部分，分别运行在 NameNode 和 DataNode 上。用户提交的数据处理请求，称为一个作业，由 JobTracker 分解为数据处理任务（Task），分发给集群里的相关节点上的 TaskTracker 运行，如图 3-4 所示。

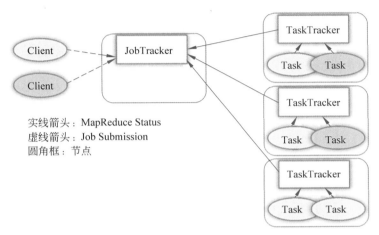

图 3-4　MapReduce 执行引擎

客户端程序把作业提交给 JobTracker 以后，JobTracker 把数据处理任务发送给整个集群各个节点的 TaskTracker。发送任务的原则：尽量把任务推送到离数据最近的节点上运行，甚至是推送到数据所在的节点上运行。

在 HDFS 里，JobTracker 通过 HDFS NameNode 知道哪些节点包含将要处理的各个数据块，也就是它了解数据块的存放位置。如果任务不能发送到数据块所在的节点，如因为该节点目前的任务槽（TaskSlot，即每个 TaskTracker 可以运行的 Task 数量）已经用完，那么系统优先把任务推送到同一机架里的其他节点，该节点保留了数据块的另外一个副本（Replica）。这样的任务分发策略，避免或者减少了数据的网络传输（Network Transfer），进而减少集群核心骨干网络（Backbone Network）上的网络流量。

如果 TaskTracker 失败或者运行超时，它负责的任务就会被 JobTracker 重新调度到其他的 TaskTracker 上。在 TaskTracker 运行过程中，它向 JobTracker 每隔几分钟发送一个心跳信号（Heart Beat），以便报告其存活状态。JobTracker 和 TaskTracker 的状态信息，通过内置的一个 HTTP 服务器（Jetty）报告出来，可以通过浏览器进行查看。

在 Hadoop 0.20 以前的版本，JobTracker 失败以后，所有的数据处理操作都丢失了。从 Hadoop 0.21 版本开始，Hadoop 增加了作业处理过程的检查点（Checkpointing）功能。JobTracker 在 HDFS 里面，记录当前作业的进展程度。当新的 JobTracker 启动以后，它可以根据这些检查点信息，从上次检查点位置，继续数据处理工作，而不是从头开始。这个功能改善了作业的调度效率。

图 3-5 把 HDFS 和 MapReduce 执行引擎的关系，清晰地展示出来。MapReduce 和 HDFS 运行在同一个集群上，它们是同一个集群上运行的不同软件模块，分别提供数据存储和数据处理功能。图 3-6 则展示了 MapReduce 作业的运行过程。

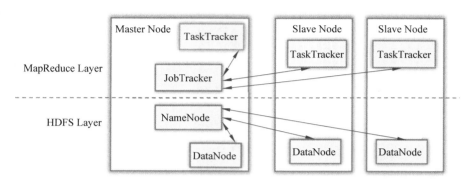

图 3-5　HDFS 与 MapReduce 的关系

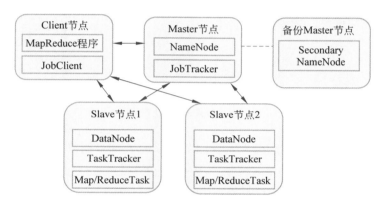

图 3-6　MapReduce 作业的运行过程

当一个 MapReduce 作业提交到集群中，JobTracker 负责确定其运行计划，包含需要处理哪些文件、分配 Map 和 Reduce 任务的运行节点、监控任务的运行、再一次分配失败的任务等。每个 Hadoop 集群中仅有一个 JobTracker。TaskTracker 负责运行由 JobTracker 分配的任务，每个 TaskTracker 能够启动一个或多个 Map/Reduce 任务。

被分配了任务的 TaskTracker 从 HDFS 中取出所需的文件，包括 JAR 程序文件和任务相应的数据文件，存入本地磁盘，并启动一个 TaskRunner 程序实例准备执行任务。

TaskRunner 在一个新的 Java 虚拟机中依据任务类型创建出 MapTask 或 ReduceTask 进行运算。在新的 Java 虚拟机中执行 MapTask 和 ReduceTask 的原因是，避免这些任务的执行异常影响 TaskTracker 的正常执行。MapTask 和 ReduceTask 会定时与 TaskRunner 进行通信报告进度，直到任务完毕。

每个 TaskTracker 节点可执行 Map 任务和 Reduce 任务的数量也是有限的，即每个 TaskTracker 有两个固定数量的任务槽，分别响应 Map 任务和 Reduce 任务。在进行任务分配时，JobTracker 优先填满 TaskTracker 的 Map 任务槽，即只要有空暇 Map 任务槽,就分配一个 Map 任务,Map 任务槽满了之后,才分配 Reduce 任务。注意,一个 MapReduce 作业的 Map Tasks 和 Reduce Tasks 有先后依赖关系。

MapReduce 框架为了避免某个没有失败、但运行缓慢的任务影响整个作业的运行速度,设计了备份任务机制。

### 3.3.2 MapReduce 计算模型

在 MapReduce 计算模型中,数据以键-值对<Key,Value>进行建模。几乎所有的数据都可以使用这个数据模型进行建模,Key 和 Value 部分可以根据需要保存不同的数据类型,包括字符串、整数或者更加复杂的类型。

MapReduce 并行编程模型把计算过程分解为两个主要阶段,即 Map 阶段和 Reduce 阶段。MapReduce 程序的计算过程如图 3-7 所示。首先,保存在 HDFS 里的文件即数据源,已经进行分块。这些数据块交给多个 Map 任务执行,Map 任务执行 Map 函数,Map 函数根据特定规则对数据进行处理,写入本地硬盘。Map 阶段完成后,进入 Reduce 阶段,Reduce 任务执行 Reduce 函数,把具有同样 Key 值的中间结果,从多个 Map 任务所在的节点收集到一起(Shuffle)进行约减处理,并将输出结果写入本地硬盘(HDFS)。程序的最终结果,可以通过合并所有 Reduce 任务的输出得到。需要注意的是,输入数据、中间结果及最终结果,都是以<Key,Value>的格式保存到 HDFS 中。

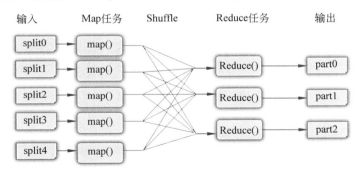

图 3-7　MapReduce 程序的计算过程

Map 函数处理键-值对,产生一系列的中间键-值对。Reduce 函数合并所有具有相同 Key 值的中间键-值对,计算最终结果。MapReduce 计算模型,可以形式化地表达成 Map:$<k_1,v_1>\rightarrow list<k_2,v_2>$,Reduce:$<k_2,list(v_2)>\rightarrow list<k_3,v_3>$。

下面通过 WordCount 实例,解释 Map 函数和 Reduce 函数如何对数据进行操作,以及 MapReduce 程序如何对整个数据文件进行处理。

WordCount 程序对整个文件里出现的不同单词进行计数。Map 函数的功能是,对文件块出现的每个单词,输出<单词,1>的键-值对,如图 3-8 所示;而 Reduce 函数,则把各个 Map 函数输出的结果,按照单词进行分组,统计其出现的次数,如图 3-9 所示。

MapReduce 执行引擎在执行 WordCount 程序时,JobTracker 接收了 WordCount 程序以后,根据文件的数据块所在的节点,在这些节点上启动 TaskTracker 后运行 Map 函数,Map 函数执行完毕后,把结果存放在各个节点的本地文件里。

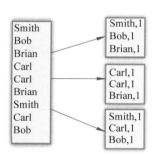
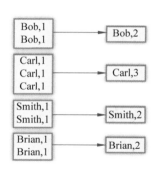

图 3-8　WordCount 的 Map 函数功能　　　　图 3-9　WordCount 的 Reduce 函数功能

接着 JobTracker 在各个节点上启动 TaskTracker 后运行 Reduce 函数，这些任务从各个 Map 任务执行的各个节点上，把具有相同 Key 值（即相同单词）的中间结果，收集到一起，就能够汇总出各个单词的计数。WordCount 程序的执行过程如图 3-10 所示。

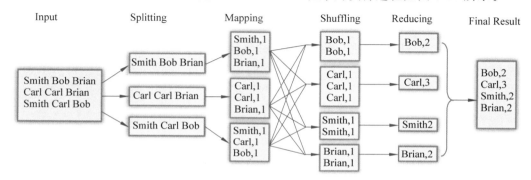

图 3-10　WordCount 程序的执行过程

### 3.3.3　Hadoop 1.0 的应用

MapReduce 计算模型是由 Google 提出来的，Hadoop 1.0 是对 MapReduce 计算模型的开源实现。根据上述描述，MapReduce 计算模型看起来特别简单。实际上，在这种简单的处理之上可以实现复杂的数据处理任务。

除了简单的 SQL 汇总之外，研究人员已经把联机分析处理、数据挖掘、机器学习、信息检索、多媒体数据处理、科学数据处理、图数据处理等复杂的数据处理和分析算法，移植到 Hadoop 平台上（即 MapReduce Job）。

Hadoop 不仅是一个处理非结构化数据的工具，当数据按照一定格式进行适当组织后，Hadoop 平台也可以处理结构化数据。Hadoop 平台以及 Hadoop 上的各种工具构成了一个生态系统，完成各种大数据集的处理任务。

## 3.4　Hadoop 生态系统

在 HDFS 和 MapReduce 计算模型之上，若干工具一起构成了整个 Hadoop 生态系统，如图 3-11 所示。下面对这些组件进行简单介绍。

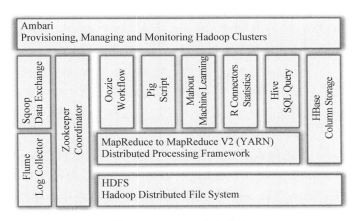

图 3-11　Hadoop 生态系统

Hive 是 Hadoop 平台上的数据仓库，用于对数据进行离线分析。它提供了一种类似 SQL 的 Hive 查询语言（Hive Query Language，HQL）。Hive 将 SQL 转化为 MapReduce 作业并在 Hadoop 上执行。

HBase 是 Google Big Table 在 Hadoop 平台上的开源实现。它是一个针对结构化数据处理的、面向列分组的、可伸缩的、高度可靠的、高性能的分布式数据库。一般用于数据服务（Data Serving）应用场合。

Pig 实现了数据查询脚本语言 Pig Latin。用 Pig Latin 脚本语言编写的应用程序，被翻译为 MapReduce 作业，在 Hadoop 上运行。在实际应用开发中，按照 MapReduce 计算模型编写某些数据处理任务，如表格之间的连接操作，过于烦琐。Pig Latin 提供了连接操作，还提供了其他原语操作，方便开发人员编写数据操作算法。像 Hive 一样，Pig 一般用于离线分析。二者的主要区别是，Hive 使用声明性（Declarative）的语言 HQL，而 Pig 使用过程性（Procedure）的语言 Pig Latin。

Flume 是一个可扩展的、高度可靠的、高可用的分布式海量日志收集系统，一般用于把众多服务器上的大量日志聚合到某个数据中心。Flume 提供对日志数据进行简单处理的能力，如过滤、格式转换等。同时，Flume 可以将日志写往各种目标（本地文件、HDFS）。

Sqoop 是 SQL to Hadoop 的缩写，主要用于在关系数据库或者其他结构化数据源和 Hadoop 之间交换数据。例如，Sqoop 可以把 MySQL 等数据库数据导入 Hadoop 里，包括 HDFS、HBase 以及 Hive；反过来，它也可以将 Hadoop 的数据导出到 MySQL 数据库中。数据的导入导出都通过 MapReduce 作业（应用程序）实现，充分利用了 MapReduce 的并行化处理能力和容错性能。

Mahout 是 Hadoop 平台上的机器学习软件包，它的主要目标是实现高度可扩展的机器学习算法，以便帮助开发人员利用大数据进行机器学习模型训练。Mahout 现在已经包含聚类、分类、推荐引擎（协同过滤）、频繁集挖掘等经典数据挖掘和机器学习算法。

Oozie 是一个工作流调度器（Scheduler）。Oozie 协调运行的作业，属于一次性非循环的作业，如 MapReduce 作业、Pig 脚本、Hive 查询、Sqoop 数据导入导出作业等。Oozie 基于时间和数据可用性进行作业调度,根据作业间的依赖关系协调作业的运行。

Zookeeper 是模仿 Google 公司 Chubby 系统的开源实现,Chubby 是一个分布式的锁(Lock)服务。大部分分布式应用都需要这样一些公共服务,包括树状结构的统一命名服务、状态同步服务(通过分布式共享锁)、配置数据的集中管理、集群管理(如集群中节点的状态管理及状态变更通知,节点数据变更的消息通知)等。这些服务难以实现,也难以调试。借助 Zookeeper,人们就无须为每个分布式应用实现这些功能,从而加快分布式应用的开发和部署。

在由一个 Master 节点和多个 Slave 节点组成的分布式软件框架中,单一的 Master 节点有可能导致单点失败,影响整个系统的可靠性。用 Zookeeper 管理的若干 Master 节点(其中一个节点是 Active Master)代替 Master 节点,就不必担心单点失败问题了。如果 Active Master 节点失败了,Zookeeper 可以挑选其他 Master 节点来顶替。

传统的 RDBMS,擅长处理关系数据,支持单一的应用,即单一平台、单一应用;而各类 NoSQL 数据库软件,使用不同的数据模型和存储格式,针对不同的应用场景,属于多平台、多应用。Hadoop 及其生态系统则实现了单一平台、多种应用。Hadoop 生态系统,在底层利用 HDFS 实现各种数据的统一存储,在上层由很多组件/工具实现各种数据管理和分析功能,满足各种应用场景的要求。

##  3.5 Hadoop 2.0

### 3.5.1 Hadoop 1.0 的优势和局限

Hadoop 1.0 最重要的优势是它的可扩展性。在实际应用中,Hadoop 已经被部署到超大规模的集群上(超过 3000 个节点),对于传统的 RDBMS,这是无法想象的。

为什么需要这么大规模的集群对数据进行处理呢?因为当数据规模极大时,需要考虑扩展性的代价及 I/O 瓶颈等因素。

第一个因素是是否能够很方便地对系统进行扩展。由于 Hadoop 能够运行在由普通服务器构成的超大规模集群上,所以 SQL on Hadoop 系统比传统的 MPP 数据库系统(如 Teradata、Vertica、Netezza 等)具有更强的扩展能力。而传统的 MPP 数据库系统,需要运行在高端服务器上,价格高昂,而且很难扩展到上千个节点。

第二个因素是处理大数据时的 I/O 瓶颈。当数据的规模足够大时,只有一部分数据可以装载到内存中,剩下的数据必须保存在磁盘里。并且在处理过程中,需要从磁盘上不断装载到内存中,进行后续处理。通过把 I/O 分散到大规模集群的各个节点上,可以大大提高数据装载的速度,进而加快后续的处理。大规模集群把各个节点的 I/O 带宽聚集起来,获得比高端服务器大几十倍甚至上百倍的 I/O 带宽,这无疑是一个廉价且有效的大数据处理方案。

在 2008 年,Yahoo 公司使用一个拥有 910 个节点的 Hadoop 集群,在 209s 内完成了 1TB 数据的排序,打破了 Terabyte Sort 评测基准的纪录(297s)。这个事件的重要意义在于,这是用 Java 编写的开源程序首次赢得 Terabyte Sort 评测基准。

在2011年3月,Media Guardian媒体集团,把年度创新奖(Innovation Awards of the Year)颁发给了Hadoop项目。评审委员会认为,Hadoop项目是21世纪的瑞士军刀(Swiss Army Knife of the 21st Century)。Hadoop平台已经成为大数据处理的标准工具,它的重要作用被越来越多的人认识到。

虽然Hadoop已经在处理大数据方面获得了巨大的成功,但是它也有一些重要的缺点。Hadoop 1.0的主要局限如下。

(1) Hadoop 1.0仅支持一种计算模型,即MapReduce。MapReduce计算模型的表达能力有限。复杂的数据处理任务,如机器学习算法和SQL连接查询等,很难表达为一个MapReduce作业,而是需要翻译成一系列的MapReduce作业,这些作业一个接一个地执行。

(2) 由于MapReduce作业在Map阶段和Reduce阶段执行过程中,需要把中间结果存盘,而且在MapReduce作业间,也需要通过磁盘实现MapReduce作业之间的数据交换。通过磁盘进行数据交换效率低下,影响查询的执行效率。在这个计算模型上,很难再继续减小查询的响应时间。

(3) Hadoop 1.0的任务调度方法远未达到优化资源利用率的效果。在Hadoop 1.0中,对任务的调度方法,即如何给TaskTracker分配任务的过程比较简单。每个TaskTracker拥有一定数量的任务槽,每个活动的Map任务或者Reduce任务占用其中一个任务槽。JobTracker把工作分配给最靠近数据的TaskTracker,这个TaskTracker正好有可用的任务槽。在这个调度方法下,并未考虑将要被分配任务的机器当前的系统负载是否过高。如果某个TaskTracker执行非常慢,它将会影响整个MapReduce作业的执行,整个MapReduce作业等待最慢的任务完成才能结束。当然,可以通过猜测执行(Speculative Execution)模式,在多个Slave节点上启动同一个任务(Task),只要有其中一个任务完成即可。

### 3.5.2 从Hadoop 1.0到Hadoop 2.0

Hadoop在大数据处理领域展现了强大的能力。人们自然希望把不同来源的数据,不管它是结构化的还是非结构化的,都保存到Hadoop中,在这些数据上面执行各种各样的分析。

Hadoop最初是为大数据的批处理设计的,它的关注点在于,以尽量高的吞吐量处理这些数据。但是,人们希望Hadoop还能够支持交互式查询、数据的迭代式处理、流数据处理及图数据处理等。其中,数据的迭代式处理是机器学习算法所必需的,即机器学习算法一般需要对数据进行多遍扫描和处理。

在这种形势下,Hadoop 2.0应运而生。Hadoop 2.0的主要改变,是在整个软件架构里划分出了资源管理框架YARN。由于YARN是Hadoop 2.0的重要组成部分,所以有时把YARN和Hadoop 2.0互换使用。

### 3.5.3 YARN原理

YARN把资源管理(Resource Management)和作业调度/监控(Job Scheduling/

Monitoring)模块分开。在 Hadoop 1.0 中,这两个功能都由 JobTracker 负责。

在 Hadoop 1.0 中,系统仅能够支持一种计算模型,即 MapReduce。在 Hadoop 2.0 中,系统可以支持更多的计算模型,包括流数据处理、图数据处理、批处理、交互式处理等,如图 3-12 所示。在 Hadoop 2.0 中,应用程序可以是传统的 MapReduce 作业,也可以是由一系列任务构成的一个有向无环图(Directed Acyclic Graph,DAG)表达的作业,其中 DAG 能够表达更加复杂的数据处理流程。

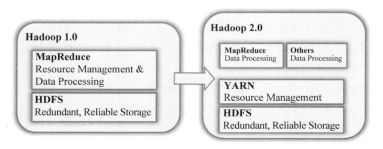

图 3-12 Hadoop 2.0 大数据处理框架里的 MapReduce

通过把资源管理功能单独划分出来,由 ResourceManager 进行管理,MapReduce 在 Hadoop 2.0 中仅需要完成其擅长的工作,即批量数据处理。于是,在 Hadoop 2.0 之上可以运行其他类型的应用,它们使用的是同一个资源管理模块。

图 3-13 展示了 Hadoop 2.0 的主要组件及其关系。在新的架构里,包含 ResourceManager 和 NodeManager 两个重要的组件。ResourceManager 运行在 Master 节点上,NodeManager 运行在 Slave 节点上,一起负责分布式应用程序的调度和运行。在 Hadoop 2.0 平台上,应用程序包括 MapReduce 作业、Hive 查询、Pig 脚本及 Giraph 查询等。

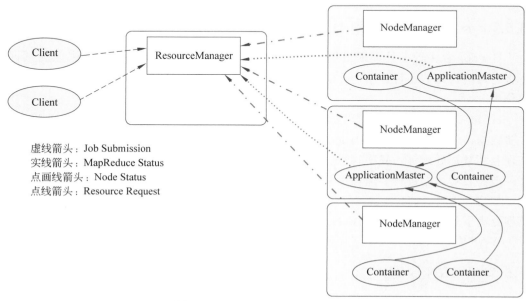

图 3-13 Hadoop 2.0 组件及其关系

ResourceManager 是为应用程序分配资源的最高权威。ResourceManager 包含两个组件，即 Scheduler 和 ApplicationManager。

Scheduler 负责为应用程序分配资源，它根据应用程序的资源需求及一些限制条件，包括各个用户的限额等，完成资源的分配和调度。Scheduler 使用资源容器（Container）的概念，把 CPU、内存、磁盘、网络带宽等资源整合起来。

ApplicationManager 接收客户端应用程序提交的作业，向 Scheduler 为该应用程序申请第一个容器，运行针对这个应用程序的 ApplicationMaster，用于执行提交的作业（应用程序），并且在发生失败的情况下，重新启动这个应用程序的 ApplicationMaster。ApplicationMaster 从 Scheduler 为应用程序申请资源，和 NodeManager 一道，在分布式环境下执行应用程序，并追踪其状态、监控作业的进展情况。执行应用程序时，ApplicationMaster 监视容器直到其完成。当应用程序完成时，ApplicationMaster 从 ResourceManager 注销其容器，执行周期完成。

NodeManager 运行在 Slave 节点上，它为应用程序启动容器，监控其资源使用情况（包括 CPU、内存、磁盘、网络带宽的使用情况），并且把这些信息报告给 ResourceManager。

作业的调度过程如图 3-14 所示。

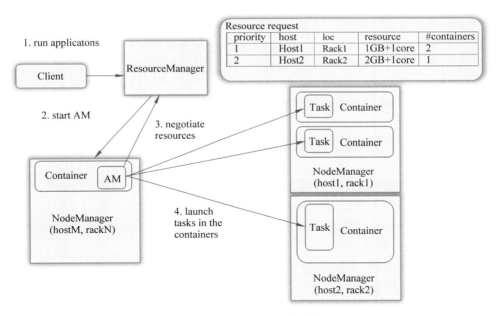

图 3-14　Hadoop 2.0 的作业调度

### 3.5.4　YARN 的优势

相对于 Hadoop 1.0，Hadoop 2.0（YARN）具有如下主要优势。

（1）扩展性：ResourceManager 的主要功能是资源的调度工作。所以它能够轻松地管理更大规模的集群系统，适应了数据量增长对数据中心的扩展性提出的挑战。

（2）更高的集群使用效率：ResourceManager 是一个单纯的资源管理器，它根据资源预留要求、公平性、服务等级协定(Service Level Agreement,SLA)等标准,优化整个集群的资源,使之得到很好的利用。

（3）兼容 Hadoop 1.0：在 Hadoop 1.0 平台上开发的 MapReduce 应用程序，无须修改，可以直接在 YARN 上运行。

（4）支持更多的负载类型：当数据存储到 HDFS 以后，用户希望能够对数据以不同的方式进行处理。除了 MapReduce 应用程序（主要对数据进行批处理），YARN 支持更多的编程模型（应用类型），包括图数据处理、迭代式处理、流数据处理、交互式查询等，如图 3-15 所示。一般来讲，机器学习算法需要在数据集上经过多次迭代才能获得最终的计算结果。

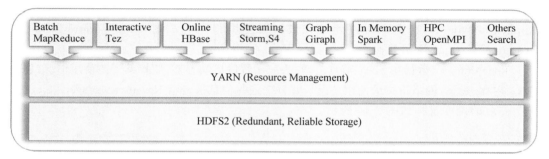

图 3-15　Hadoop 2.0 支持更多的编程模型

（5）灵活性：MapReduce 等计算模型可以独立于资源管理层，单独演化和改进。使得系统各个部件的演进和配合更加具有灵活性。

## 3.6　思　考　题

1. 简述 HDFS 的原理及其读写过程。
2. 简述 MapReduce 执行引擎 JobTracker 与 TaskTracker 的功能。
3. 简述 MapReduce 计算模型与实例。
4. 简述 Hadoop 的应用。
5. 简述 Hadoop 的生态系统。
6. Hadoop 1.0 的局限与 Hadoop 2.0(YARN)的原理是什么？
7. Hadoop 2.0 的主要优势有哪些？

# 第 4 章 Hadoop 安装与 HDFS、MapReduce 实验

本章介绍 Hadoop 的安装和配置，介绍如何操作 HDFS 文件，并且剖析了一个 HDFS Java 程序和 MapReduce WordCount Java 程序。

为了安装 Hadoop，首先需要安装特定版本的 Java 开发工具包（Java Development Kit，JDK）。

## ◆ 4.1 安装 JDK

在 192.168.31.129、192.168.31.130、192.168.31.131 这 3 台虚拟机上执行如下命令，查看是否已安装 JDK。

```
java -version
```

查看安装的 JDK 信息。

```
rpm -qa | grep java
```

卸载当前的 JDK。

```
rpm -e --nodeps java-1.7.0-openjdk-headless-1.7.0.75-2.5.4.2.el7_0.x86_64
rpm -e --nodeps java-1.8.0-openjdk-headless-1.8.0.31-2.b13.el7.x86_64

rpm -e --nodeps tzdata-java-2015a-1.el7.noarch

rpm -e --nodeps java-1.8.0-openjdk-1.8.0.31-2.b13.el7.x86_64
rpm -e --nodeps java-1.7.0-openjdk-1.7.0.75-2.5.4.2.el7_0.x86_64
rpm -e --nodeps java-1.6.0-openjdk-1.6.0.34-1.13.6.1.el7_0.x86_64
```

检查是否卸载完成（下面的命令应该提示错误）。

```
java -version
```

从官方网站下载 jdk-8u144-linux-x64.tar.gz。

解压缩 jdk-8u144-linux-x64.tar.gz。

```
mkdir -p /opt/linuxsir/java
cd /opt/linuxsir/java

tar -zxvf /opt/linuxsir/jdk-8u144-linux-x64.tar.gz
ls jdk1.8.0_144
mv jdk1.8.0_144 jdk

ls /opt/linuxsir/java/jdk
```

配置环境变量。编辑/root/.bashrc 文件,增加如下内容。

注意,也可以用 echo 命令,添加相关内容,具体如下。需要注意的是 echo 命令的双引号里面的反斜杠(\)是一个转义字符,如\$ 表示$。

```
ls /opt/linuxsir/java/jdk/jre/lib/rt.jar            //查看文件是否存在
ls /opt/linuxsir/java/jdk/lib/dt.jar
ls /opt/linuxsir/java/jdk/lib/tools.jar

echo "export JAVA_HOME=/opt/linuxsir/java/jdk" >> /root/.bashrc
echo "export JRE_HOME=\$JAVA_HOME/jre" >> /root/.bashrc
echo "export PATH=\$JAVA_HOME/bin:\$JRE_HOME/bin:\$PATH" >> /root/.bashrc

echo "export CLASSPATH=.:\$CLASSPATH:\$JAVA_HOME/jre/lib/rt.jar:\$JAVA_HOME/lib/dt.jar:\$JAVA_HOME/lib/tools.jar" >> /root/.bashrc

cat /root/.bashrc
```

使配置文件生效。

```
cd                                                  //进入/root 目录,即 root 用户的主目录
source .bashrc
    //备注/etc/bashrc 对所有用户有效,登录时系统自动执行/etc/bashrc 的脚本
    //而/root/.bashrc 配置文件只对 root 用户登录有效
```

验证 Java 是否安装成功。

```
java -version
```

备注:可以在 3 台虚拟机上分别安装 Java,也可以在 1 台虚拟机上(192.168.31.129)先安装 Java,再通过 scp 命令把/opt/linuxsir/java/jdk、/root/.bashrc 复制到各个 Slaves。具体如下:

```
scp -r /opt/linuxsir/java/jdk root@192.168.31.130:/opt/linuxsir/java
                                                                    //复制 JDK
scp -r /opt/linuxsir/java/jdk root@192.168.31.131:/opt/linuxsir/java

scp -r /root/.bashrc root@192.168.31.130:/root/.bashrc    //复制 /root/.bashrc
scp -r /root/.bashrc root@192.168.31.131:/root/.bashrc

ssh root@192.168.31.130 source ~/.bashrc                  //刷新环境变量
ssh root@192.168.31.131 source ~/.bashrc

ssh root@192.168.31.130 java -version                     //查看 JDK 版本
ssh root@192.168.31.131 java -version
```

## 4.2 新建虚拟机集群

在 1 台虚拟机上安装了 CentOS 以后,可以复制该虚拟机(复制虚拟机 Image 所在目录),并且修改主机名、进行网络配置修改(IP 地址),构造由 3 台虚拟机构成的集群,如图 4-1 所示。这个集群将用于进行 Hadoop 及 Spark 实验。

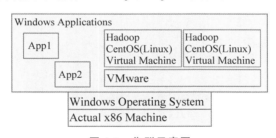

图 4-1 集群示意图

如果通过复制虚拟机 Image 的方式,建立另外两个虚拟机,碰到问题不好解决,可以参考第 2 章所描述的方法,新建虚拟机 2 和虚拟机 3,全新安装 CentOS 和进行相关配置,包括网络、Samba、SSHD、Yum 等配置。

集群的网络配置如图 4-2 所示。注意,3 台虚拟机的 CentOS 里的 IP 地址,分别设置为 192.168.31.129、192.168.31.130、192.168.31.131。

### 4.2.1 网络配置小结

网络配置涉及 4 方面,至此已全部完成。4 方面主要包括如下内容。

(1) VMware 本身的网络配置,包括 VMnet0、VMnet1、VMnet8 等网卡的配置。

(2) Windows 操作系统上 VMnet8 网卡的 DNS 配置。

(3) VMware 里设置每个虚拟机网络模式为 NAT。

(4) 每个虚拟机 CentOS 网卡的 IP 地址设置(包括 Mask、Gateway、DNS)。

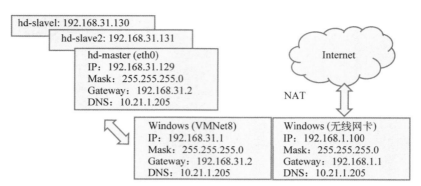

图 4-2　集群的网络配置（虚拟机和宿主机的 IP 配置及 Internet 连接）

### 4.2.2　配置各个虚拟机别名

为 192.168.31.129、192.168.31.130、192.168.31.131 这 3 台虚拟机配置别名。3 台虚拟机的 /etc/hostname 的内容分别是 hd-master、hd-slave1、hd-slave2。

在 192.168.31.129 虚拟机上，执行如下命令，设置别名为 hd-master。针对 192.168.31.130、192.168.31.131 虚拟机执行类似的命令，设置别名分别为 hd-slave1、hd-slave2。

```
cat /etc/hostname

rm -rf /etc/hostname
touch /etc/hostname

echo "hd-master" >> /etc/hostname
cat /etc/hostname| grep hd-master
…
```

在 192.168.31.129 虚拟机上，/etc/hostname 的内容为 hd-master；在 192.168.31.130 虚拟机上，/etc/hostname 的内容为 hd-slave1；在 192.168.31.131 的虚拟机上，/etc/hostname 内容为 hd-slave2。

### 4.2.3　配置各个虚拟机的 /etc/hosts 文件

设置 192.168.31.129、192.168.31.130、192.168.31.131 这 3 台虚拟机的 /etc/hosts 文件内容如下：

```
192.168.31.129 hd-master
192.168.31.130 hd-slave1
192.168.31.131 hd-slave2


127.0.0.1 localhost                    //本行放在最后
```

提示：

（1）要把此文件中的 127.0.0.1 localhost 删除或者放在文件最后。

（2）启动 Hadoop 以后，通过 http://192.168.31.129:9099/cluster/nodes 网址，在浏览器上查看集群情况，如果显示节点名都是 127.0.0.1 或者 localhost，那么可以修改 3 个节点的/etc/hosts 文件后，重启整个集群的所有节点。

具体操作方法：在 192.168.31.129 虚拟机上，执行如下命令，修改/etc/hosts 文件，以便通过 Linux 可以实现名字到 IP 地址的映射。

```
rm -rf /etc/hosts
touch /etc/hosts

echo "192.168.31.129 hd-master" >>/etc/hosts
echo "192.168.31.130 hd-slave1" >>/etc/hosts
echo "192.168.31.131 hd-slave2" >>/etc/hosts
echo "127.0.0.1 localhost" >>/etc/hosts
echo "" >>/etc/hosts

cat /etc/hosts
```

并且针对 192.168.31.130、192.168.31.131 虚拟机执行同样命令，也就是 3 台虚拟机 CentOS 的/etc/hosts 文件是一样的。

也可以通过 scp 命令把 192.168.31.129 虚拟机上的/etc/hosts 文件复制到另外两台虚拟机上。

```
scp -r /etc/hosts root@192.168.31.130:/etc
scp -r /etc/hosts root@192.168.31.131:/etc
```

## 4.3 无密码 SSH 登录

Linux 虚拟机之间的无密码 SSH 登录，可以方便地在 hd-master 上启动 Hadoop 服务进程，这些服务进程包括主节点的进程和从节点的进程。当从主节点启动从节点的进程时，系统无须等待用户输入密码，如图 4-3 所示。

配置无密码 SSH 登录的具体过程如下。

在 192.168.31.129、192.168.31.130、192.168.31.131 这 3 台虚拟机上执行如下命令，配置 SSHD。编辑/etc/ssh/sshd_config，删除以下两行注释（即把行首的#删除），并且设置 AuthorizedKeysFile。

```
#RSAAuthentication yes              #启用 RSA 认证
#PubkeyAuthentication yes           #启用公私钥配对认证方式
AuthorizedKeysFile .ssh/authorized_keys   #公钥文件路径(和下面生成的文件同名)
```

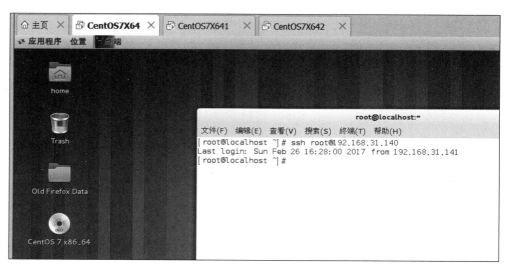

图 4-3　无密码 SSH 登录

在 192.168.31.129、192.168.31.130、192.168.31.131 这 3 台虚拟机上执行如下命令，生成 key。

```
whoami
cd
pwd

ssh-keygen -t rsa                    //生成密钥文件
ls /root/.ssh/id_rsa                 //文件在/root/.ssh/id_rsa
```

在 192.168.31.129、192.168.31.130、192.168.31.131 这 3 台虚拟机上执行如下命令，查看已经生成的 key。

```
ls -l /root/.ssh/id_rsa
```

在 192.168.1.129 虚拟机上执行如下命令，从另外两台虚拟机（192.168.31.130、192.168.31.131），合并公钥到 authorized_keys 文件。

```
cd ~/.ssh
ls authorized_keys
rm -rf authorized_keys

cat id_rsa.pub >> authorized_keys
ssh root@192.168.31.130 cat ~/.ssh/id_rsa.pub >> authorized_keys
ssh root@192.168.31.131 cat ~/.ssh/id_rsa.pub >> authorized_keys
```

从 192.168.31.129 虚拟机，复制 ~/.ssh/authorized_keys 和 ~/.ssh/known_hosts

两个文件到另外两台虚拟机 192.168.31.130、192.168.31.131 上。这时每台虚拟机（CentOS）均有 3 台虚拟机的公钥。

```
cd ~/.ssh
scp authorized_keys root@192.168.31.130:~/.ssh
scp authorized_keys root@192.168.31.131:~/.ssh

scp known_hosts root@192.168.31.130:~/.ssh
scp known_hosts root@192.168.31.131:~/.ssh
```

在 192.168.31.129 虚拟机上执行如下命令，修改 192.168.31.129、192.168.31.130、192.168.31.131 这 3 台虚拟机上的～/.ssh/authorized_keys 权限。

```
cd ~/.ssh
ls authorized_keys
ssh root@192.168.31.130 ls ~/.ssh/authorized_keys
ssh root@192.168.31.131 ls ~/.ssh/authorized_keys

cd ~/.ssh
chmod 700 authorized_keys
ssh root@192.168.31.130 chmod 700 ~/.ssh/authorized_keys
ssh root@192.168.31.131 chmod 700 ~/.ssh/authorized_keys
```

在 192.168.31.129、192.168.31.130、192.168.31.131 这 3 台虚拟机上执行如下命令，重启 SSHD。

```
service sshd restart         //或者用/etc/init.d/sshd restart
```

测试无密码登录。

```
//在 192.168.31.129 虚拟机上,测试无密码登录 192.168.31.130、192.168.31.131 虚拟机
ssh root@192.168.31.130
exit
ssh root@192.168.31.131
exit

//在 192.168.31.130 虚拟机上,测试无密码登录 192.168.31.129、192.168.31.131 虚拟机
ssh root@192.168.31.129
exit
ssh root@192.168.31.131
exit

//在 192.168.31.131 虚拟机上,测试无密码登录 192.168.31.129、192.168.31.130 虚拟机
ssh root@192.168.31.129
exit
```

```
ssh root@192.168.31.130
exit
```

## 4.4　Hadoop 安装、配置和启动

从网址 https://archive.apache.org/dist/hadoop/core/hadoop-2.7.3/ 下载 Hadoop，本书使用的版本是 Hadoop 2.7.3。

解压缩 Hadoop 安装包，并且对安装目录进行重命名。

```
cd /opt/linuxsir
tar -zxvf hadoop-2.7.3.tar.gz

ls
mv hadoop-2.7.3 /opt/linuxsir/hadoop
```

在 192.168.31.129 虚拟机上编辑/root/.bashrc 文件，然后把文件复制到 192.168.31.130、192.168.31.131 虚拟机上。这里使用 echo 命令给配置文件追加配置，需要注意的是，双引号里面的反斜杠(\)是一个转义字符，如\$表示$、\"表示"。

```
echo "" >> /root/.bashrc
echo "export HADOOP_PREFIX=/opt/linuxsir/hadoop" >> /root/.bashrc
echo "export HADOOP_HOME=\$HADOOP_PREFIX" >> /root/.bashrc
echo "export HADOOP_COMMON_HOME=\$HADOOP_PREFIX" >> /root/.bashrc
echo "export HADOOP_CONF_DIR=\$HADOOP_PREFIX/etc/hadoop" >> /root/.bashrc
echo "export HADOOP_HDFS_HOME=\$HADOOP_PREFIX" >> /root/.bashrc
echo "export HADOOP_MAPRED_HOME=\$HADOOP_PREFIX" >> /root/.bashrc
echo "export HADOOP_YARN_HOME=\$HADOOP_PREFIX" >> /root/.bashrc
echo "export PATH=\$PATH:\$HADOOP_PREFIX/sbin:\$HADOOP_PREFIX/bin" >> /root/.bashrc

echo "export HADOOP_OPTS=\"-Djava.library.path=\$HADOOP_HOME/lib/native\"" >> /root/.bashrc
echo "export HADOOP_COMMON_LIB_NATIVE_DIR=\$HADOOP_HOME/lib/native" >> /root/.bashrc

echo "export CLASSPATH=\$CLASSPATH:/opt/linuxsir/hadoop/lib/*" >> /root/.bashrc

cat /root/.bashrc
```

在 192.168.31.129 虚拟机上，复制/root/.bashrc 文件到 192.168.31.130 和 192.168.31.131 上。

```
scp -r /root/.bashrc root@192.168.31.130:/root/.bashrc
scp -r /root/.bashrc root@192.168.31.131:/root/.bashrc
```

在 192.168.31.129 虚拟机上,执行如下命令,刷新 192.168.31.129、192.168.31.130、192.168.31.131 这 3 台虚拟机上的/root/.bashrc 文件,即刷新环境。

```
cd
source /root/.bashrc
ssh root@192.168.31.130 source /root/.bashrc
ssh root@192.168.31.131 source /root/.bashrc
```

备注:

(1) 有些文献对 HADOOP_OPTS 变量的设置不同,即 echo "export HADOOP_OPTS=\"-Djava.library.path=\$HADOOP_HOME/lib\"" >> /root/.bashrc

(2) 也可以为所有用户设置 HADOOP_PREFIX 等环境变量,即编辑/etc/profile.d 文件,加上上述 export 命令即可。

创建数据存放目录。

```
cd /opt/linuxsir/hadoop                        //进入/opt/linuxsir/hadoop 目录
rm -rf /opt/linuxsir/hadoop/tmp
rm -rf /opt/linuxsir/hadoop/hdfs
mkdir /opt/linuxsir/hadoop/tmp                 //创建 tmp 目录
mkdir -p /opt/linuxsir/hadoop/hdfs/data /opt/linuxsir/hadoop/hdfs/name
                                               //创建 hdfs 的 data、name 子目录
```

在 192.168.31.129 虚拟机上,针对 hd-slave1、hd-slave2 两个节点执行如下命令,然后再初始化 HDFS。

```
ssh root@192.168.31.130 rm -rf /opt/linuxsir/hadoop/tmp
ssh root@192.168.31.130 rm -rf /opt/linuxsir/hadoop/hdfs
ssh root@192.168.31.130 mkdir /opt/linuxsir/hadoop/tmp
ssh root@192.168.31.130 mkdir -p /opt/linuxsir/hadoop/hdfs/data /opt/linuxsir/hadoop/hdfs/name

ssh root@192.168.31.131 rm -rf /opt/linuxsir/hadoop/tmp
ssh root@192.168.31.131 rm -rf /opt/linuxsir/hadoop/hdfs
ssh root@192.168.31.131 mkdir /opt/linuxsir/hadoop/tmp
ssh root@192.168.31.131 mkdir -p /opt/linuxsir/hadoop/hdfs/data /opt/linuxsir/hadoop/hdfs/name
```

对若干配置文件进行设置,保证 Hadoop 能够正常启动。

(1) 主要的配置文件包括 HADOOP_HOME 目录下的 etc/hadoop/core-site.xml、etc/hadoop/hdfs-site.xml、etc/hadoop/mapred-site.xml、etc/hadoop/yarn-site.xml 等文件。

（2）并且为 etc/hadoop/hadoop-env.sh、etc/hadoop/yarn-env.sh、etc/hadoop/mapred-env.sh 等文件配置环境变量。

### 4.4.1　core-site.xml 配置文件

编辑 /opt/linuxsir/hadoop/etc/hadoop 目录下的 core-site.xml 文件，内容如下。注意，HDFS 的端口为 9000。

```
<?xml version="1.0" encoding="UTF-8"?>
<?xml-stylesheet type="text/xsl" href="configuration.xsl"?>
<configuration>
<property>
    <name>hadoop.tmp.dir</name>
    <value>file:///opt/linuxsir/hadoop/tmp</value>
</property>

<property>
    <name>fs.defaultFS</name>
    <value>hdfs://hd-master:9000</value><!-- NameNode URI -->
</property>

<property>
    <name>io.file.buffer.size</name>
    <value>131702</value>
</property>
</configuration>
```

### 4.4.2　hdfs-site.xml 配置文件

编辑 /opt/linuxsir/hadoop/etc/hadoop 目录下的 hdfs-site.xml 文件，内容如下。注意，HDFS 的 secondary namenode 的 http address 的端口为 9001。

```
<?xml version="1.0" encoding="UTF-8"?>
<?xml-stylesheet type="text/xsl" href="configuration.xsl"?>
<configuration>
<property>
    <name>dfs.namenode.name.dir</name>
    <value>file:///opt/linuxsir/hadoop/hdfs/name</value> <!--本机 name 目录 for NameNode -->
</property>

<property>
    <name>dfs.datanode.data.dir</name>
    <value>file:///opt/linuxsir/hadoop/hdfs/data</value> <!--本机 data 目录 for DataNode -->
```

```xml
    </property>

    <property>
        <name>dfs.replication</name> <!--数据块副本数量-->
        <value>2</value>
    </property>

    <property>
        <name>dfs.webhdfs.enabled</name>
        <value>true</value>
    </property>

    <property>
        <name>dfs.namenode.secondary.http-address</name>
        <value>hd-master:9001</value>
    </property>
</configuration>
```

### 4.4.3 mapred-site.xml 配置文件

在 /opt/linuxsir/hadoop/etc/hadoop 目录下,复制 mapred-site.xml.template 到 mapred-site.xml,并且进行编辑。命令如下:

```
cd /opt/linuxsir/hadoop/etc/hadoop
cp mapred-site.xml.template mapred-site.xml
vi mapred-site.xml
```

文件内容如下:

```xml
<?xml version="1.0" encoding="UTF-8"?>
<?xml-stylesheet type="text/xsl" href="configuration.xsl"?>
<configuration>
<property>
    <name>mapreduce.framework.name</name>
    <value>yarn</value> <!--yarn or yarn-tez-->
</property>

<property>
    <name>mapreduce.jobhistory.address</name>
    <value>hd-master:10020</value>
</property>

<property>
```

```xml
        <name>mapreduce.jobhistory.webapp.address</name>
        <value>hd-master:19888</value>
</property>

<property>
        <name>mapreduce.map.memory.mb</name> <!-- memory for map task -->
        <value>64</value>
</property>

<property>
        <name>mapreduce.reduce.memory.mb</name> <!-- memory for reduce task -->
        <value>128</value>
</property>

<property>
        <name>mapreduce.task.io.sort.mb</name>
        <value>32</value>
</property>

<property>
        <name>mapreduce.map.java.opts</name> <!-- settings for JVM map task -->
        <value>-Xms128m -Xmx256m</value>
</property>

<property>
        <name>mapreduce.reduce.java.opts</name> <!-- settings for JVM reduce task -->
        <value>-Xms128m -Xmx256m</value>
</property>
</configuration>
```

这个文件最后几个关于内存的配置项，是在启动 Hadoop 发生内存不足时对配置文件做出的调整。部分配置项进行了说明，其他配置项的含义以及取值范围可参考在线文档。

### 4.4.4 yarn-site.xml 配置文件

在/opt/linuxsir/hadoop/etc/hadoop 目录下，编辑 yarn-site.xml 文件，对 YARN 资源管理器的 ResourceManager 和 NodeManager 节点、端口、内存分配等进行配置。具体内容如下：

```xml
<?xml version="1.0" encoding="UTF-8"?>
<?xml-stylesheet type="text/xsl" href="configuration.xsl"?>
```

```xml
<configuration>
<property>
    <name>yarn.resourcemanager.hostname</name>
    <value>hd-master</value>
</property>

<property>
    <name>yarn.resourcemanager.address</name>
    <value>hd-master:9032</value>
</property>

<property>
    <name>yarn.resourcemanager.scheduler.address</name>
    <value>hd-master:9030</value>
</property>

<property>
    <name>yarn.resourcemanager.resource-tracker.address</name>
    <value>hd-master:9031</value>
</property>

<property>
    <name>yarn.resourcemanager.admin.address</name>
    <value>hd-master:9033</value>
</property>

<property>
    <name>yarn.resourcemanager.webapp.address</name>
    <value>hd-master:9099</value>
</property>


<!-- 这个配置项不需要,所以注释掉 -->
<!--
<property>
        <name>yarn.nodemanager.hostname</name>
        <value> hd-slave1, hd-slave2 </value>
</property>
-->

<property>
    <name>yarn.nodemanager.resource.memory-mb</name>
    <value>2048</value>
```

```xml
    </property>

    <property>
        <name>yarn.scheduler.maximum-allocation-mb</name>
        <value>2048</value>
    </property>

    <property>
        <name>yarn.scheduler.minimum-allocation-mb</name>
        <value>1024</value>
    </property>

    <property>
        <name>yarn.app.mapreduce.am.resource.mb</name>
        <value>1024</value>
    </property>

    <property>
        <name>yarn.app.mapreduce.am.command-opts</name>
        <value>-Xms128m -Xmx256m</value>
    </property>

    <property>
        <name>yarn.nodemanager.vmem-check-enabled</name>
        <value>false</value>
    </property>

    <property>
        <name>yarn.nodemanager.vmem-pmem-ratio</name>
        <value>8</value>
    </property>

    <property>
        <name>yarn.nodemanager.resource.cpu-vcores</name>
        <value>1</value>
    </property>

    <property>
        <name>yarn.nodemanager.aux-services</name>
        <value>mapreduce_shuffle</value>
    </property>

    <property>
```

```
        <name>yarn.nodemanager.aux-services.mapreduce.shuffle.class</name>
        <value>org.apache.hadoop.mapred.ShuffleHandler</value>
    </property>
</configuration>
```

### 4.4.5 配置 hadoop-env.sh 脚本文件

进入 hadoop-env.sh 脚本文件所在目录/opt/linuxsir/hadoop/etc/hadoop。

```
cd /opt/linuxsir/hadoop/etc/hadoop
ls *.sh
```

编辑 hadoop-env.sh 文件,设置 JAVA_HOME 变量,内容如下:

```
export JAVA_HOME=/opt/linuxsir/java/jdk
```

### 4.4.6 配置 yarn-env.sh 脚本文件

设置/opt/linuxsir/hadoop/etc/hadoop 目录下 yarn-env.sh 脚本文件的 JAVA_HOME 变量,内容如下:

```
export JAVA_HOME=/opt/linuxsir/java/jdk
```

如果 NodeManager 因为内存不足,而不能启动,那么 yarn-env.sh 文件需要做如下修改,即 JAVA_HEAP_MAX 改为 3G。

```
JAVA_HEAP_MAX=-Xmx3072m
```

由于 JAVA_HOME 变量已经在/root/.bashrc 中定义,并且通过 source/root/.bashrc 刷新环境变量。此外,/root/.bashrc 文件的配置对 root 用户的每次登录都生效,因此不需要再设置 JAVA_HOME 变量。

### 4.4.7 主机配置

修改/opt/linuxsir/hadoop/etc/hadoop/masters 文件和/opt/linuxsir/hadoop/etc/hadoop/slaves 文件,目的是指定主节点和从节点列表。

/opt/linuxsir/hadoop/etc/hadoop/masters 文件的内容如下,即主节点为 hd-master。

```
hd-master
```

/opt/linuxsir/hadoop/etc/hadoop/slaves 文件的内容如下,即从节点为 hd-slave1 和 hd-slave2。

```
hd-slave1
hd-slave2
```

从 192.168.31.129 虚拟机复制 Hadoop 到其他各个节点，包括 192.168.31.130、192.168.31.131。

在 192.168.31.129 虚拟机上运行如下命令。

```
chmod a+rwx -R /opt/linuxsir                       //设置/opt/linuxsir 的存取权限
ssh root@192.168.31.130 chmod a+rwx -R /opt/linuxsir
ssh root@192.168.31.131 chmod a+rwx -R /opt/linuxsir

scp -r /root/.bashrc root@192.168.31.130:/root/.bashrc
                                                   //复制/root/.bashrc
scp -r /root/.bashrc root@192.168.31.131:/root/.bashrc

scp -r /opt/linuxsir/hadoop hd-slave1:/opt/linuxsir
                                                   //复制/opt/linuxsir/hadoop
scp -r /opt/linuxsir/hadoop hd-slave2:/opt/linuxsir

source ~/.bashrc                                   //刷新环境变量
ssh root@192.168.31.130 source ~/.bashrc
ssh root@192.168.31.131 source ~/.bashrc
```

## 4.5 格式化 HDFS

启用 HDFS 之前，需要对其进行格式化，注意格式化只需要做一次。
在 192.168.31.129 虚拟机上执行如下命令：

```
cd /opt/linuxsir/hadoop/bin
./hdfs namenode -format
```

## 4.6 启动 Hadoop

启动 Hadoop 之前，在 hd-master 上对配置文件的任何修改都需要传到 hd-slave1 和 hd-slave2。

```
scp -r /opt/linuxsir/hadoop/etc/hadoop/* hd-slave1:/opt/linuxsir/hadoop/etc/hadoop
scp -r /opt/linuxsir/hadoop/etc/hadoop/* hd-slave2:/opt/linuxsir/hadoop/etc/hadoop
```

清理 Hadoop 日志。

```
rm -rf /opt/linuxsir/hadoop/logs/*.*
ssh root@192.168.31.130 rm -rf /opt/linuxsir/hadoop/logs/*.*
ssh root@192.168.31.131 rm -rf /opt/linuxsir/hadoop/logs/*.*
```

启动 Hadoop。

```
cd /opt/linuxsir/hadoop/sbin
./start-all.sh

//如果要停止,执行如下命令
cd /opt/linuxsir/hadoop/sbin
./stop-all.sh
```

也可以分开启动 HDFS 和 YARN。

```
clear
cd /opt/linuxsir/hadoop/sbin
./start-dfs.sh
./start-yarn.sh

//如果要停止,执行如下命令,即分开停止 HDFS 和 YARN
cd /opt/linuxsir/hadoop/sbin
./stop-yarn.sh
./stop-dfs.sh
```

现在,可以在 3 个节点上查看进程,验证 Hadoop 是否成功启动。

```
clear
jps
ssh root@192.168.31.130 jps
ssh root@192.168.31.131 jps
```

应该看到类似如下的输出。表示各个节点的进程已经启动完毕。

```
hd-master 的输出如下(进程号可能不一样)
    3930 ResourceManager
    4506 Jps
    3693 NameNode
    3695 SecondaryNameNode

hd-slave1,hd-slave2 的输出如下(进程号可能不一样)
    2792 NodeManager
```

```
2920 Jps
2701 DataNode
```

由此，确认主节点（hd-master）运行 NameNode、Secondary NameNode 和 ResourceManager，每个从节点（hd-slave1、hd-slave2）运行 DataNode 和 NodeManager。

到目前为止，启动 HDFS 和 YARN 以后各个节点的进程，如图 4-4 所示。

| yarn 层 | ResourceManager | NodeManager | NodeManager | … |
| --- | --- | --- | --- | --- |
| hdfs 层 | NameNode<br>Secondary NameNode | DataNode | DataNode | … |
| Hardware<br>各个节点 | hd-master 节点<br>192.168.31.129 | hd-slave1 节点<br>192.168.31.130 | hd-slave2 节点<br>192.168.31.131 | … |

图 4-4　启动 HDFS 和 YARN 后各个节点的进程

## ◆ 4.7　报告 HDFS 的基本信息

在 hd-master 上运行如下命令，报告 HDFS 的基本信息。

```
cd /opt/linuxsir/hadoop
./bin/hdfs dfsadmin -report
```

## ◆ 4.8　使 用 日 志

如果 Hadoop 启动出问题，可以通过查看日志来寻找原因。每次启动 Hadoop 应该首先清空 3 个节点的 logs 目录，方便寻找错误。

当启动出错，可以到相应节点上查看日志文件。哪个节点启动出错，就看哪个节点的日志文件。由于有无密码 SSH 登录，因此可以通过主节点登录到其他节点，查看所有节点的日志文件。

日志文件分别在 hd-master、hd-slave1、hd-slave2 的 /opt/linuxsir/hadoop/logs 目录下。

启动 Hadoop 前删除 log 文件。如果启动出问题，log 文件里就是最新的出错信息。

```
rm -rf /opt/linuxsir/hadoop/logs/*.*
ssh root@192.168.31.130 rm -rf /opt/linuxsir/hadoop/logs/*.*
ssh root@192.168.31.131 rm -rf /opt/linuxsir/hadoop/logs/*.*
```

## 4.9　Hadoop 管理界面

若干 Web 管理界面列表如下。

访问 NameNode 管理页面，监控文件系统。在浏览器上通过如下网址查看：

http://192.168.31.129:50070/

访问 ResourceManager(整个 Cluster)管理页面，监控集群状况。在浏览器上通过如下网址查看：

http://192.168.31.129:9099/

注意：这个端口默认是 8088，由于端口冲突，改成 9099，参考 yarn-site.xml。

访问 MapReduce JobHistory Server 的管理页面，查看 MapReduce 作业提交历史，注意需要事先启动 JobHistory Server。在浏览器上通过如下网址查看：

http://192.168.31.129:19888/

## 4.10　Hadoop 测试

### 4.10.1　HDFS 常用文件操作命令

对 HDFS 的操作和本地文件系统的操作是类似的，包括创建目录、删除目录、新建文件、删除文件等，只不过操作的对象是 HDFS。

一些示例命令列表如下，// 及后续内容为注释。注意，需要事先启动 HDFS 和 YARN。

```
cd /opt/linuxsir/hadoop/bin
hdfs dfsadmin -safemode leave
    //用户可以通过 dfsadmin -safemode value 来操作安全模式,参数 value 的说明如下:
    //enter 为进入安全模式
    //leave 为强制 NameNode 离开安全模式
    //get 为返回安全模式是否开启的信息
    //wait 为等待,一直到安全模式结束

cd /opt/linuxsir/hadoop/bin
./hdfs dfs -rmr /input                                      //递归式删除目录
./hdfs dfs -mkdir /input                                    //创建目录
./hdfs dfs -chmod a+rwx /input                              //授权

./hdfs dfs -mkdir /output                                   //创建目录
./hdfs dfs -copyFromLocal /opt/linuxsir/test.txt /input     //复制文件到 HDFS
//或者 ./hdfs dfs -put /opt/linuxsir/test.txt /input

./hdfs dfs -cat /input/test.txt | head                      //显示文件的头几行
```

HDFS 的其他文件操作命令，可参考官方文档。

### 4.10.2 测试 WordCount 程序

执行 WordCount MapReduce 程序。注意，需要事先启动 HDFS 和 YARN。

```
cd /opt/linuxsir/hadoop/bin
./hdfs dfs -cat /input/test.txt

./hadoop jar /opt/linuxsir/hadoop/share/hadoop/mapreduce/hadoop-mapreduce-examples-2.7.3.jar wordcount /input/test.txt /output
./hdfs dfs -ls /output
./hdfs dfs -cat /output/part-r-00000
```

为了运行 WordCount 程序，必须保证 HDFS 的 /output 不存在。如果存在可以把它删除，命令如下：

```
cd /opt/linuxsir/hadoop/bin
./hdfs dfs -ls /output

./hdfs dfs -rm /output/*
./hdfs dfs -rmdir /output
```

有时候，当 NameNode 处于 safemode 时，不能运行上述命令，需要 NameNode 离开 safemode。

```
cd /opt/linuxsir/hadoop
./bin/hadoop dfsadmin -safemode leave
```

## ◆ 4.11 配置 History Server

（1）在 hd-master 节点上，配置 History Server。
在 ~/etc/hadoop/mapred-site.xml 中配置以下内容：

```
<property>
        <name>mapreduce.jobhistory.address</name>
        <value>hd-master:10020</value>
</property>


<property>
        <name>mapreduce.jobhistory.webapp.address</name>
        <value>hd-master:19888</value>
</property>
```

(2) 把 hd-master 的新配置分发到所有节点,即 hd-slave1 和 hd-slave2。

```
clear

scp /opt/linuxsir/hadoop/etc/hadoop/mapred-site.xml hd-slave1:/opt/
linuxsir/hadoop/etc/hadoop
scp /opt/linuxsir/hadoop/etc/hadoop/mapred-site.xml hd-slave2:/opt/
linuxsir/hadoop/etc/hadoop
```

(3) 启动服务,在 hd-master 这台服务器上执行以下语句。注意,需要事先启动 HDFS 和 YARN。

```
cd /opt/linuxsir/hadoop/sbin
mr-jobhistory-daemon.sh start historyserver

clear
jps
ssh root@192.168.31.130 jps
ssh root@192.168.31.131 jps
```

(4) 访问 MapReduce JobHistory Server。在浏览器上通过如下网址查看:
http://192.168.31.129:19888/

## ◆ 4.12 若干问题解决

**1. 两个 DataNode 只启动一个**

DataNode 启动不全,共两个 DataNode,但只启动一个。解决办法如下,即需要重新格式化 HDFS。

```
cd /opt/linuxsir/hadoop/bin
./hdfs namenode -format
```

如果还是无法解决,则首先删除 3 个节点上 /opt/linuxsir/hadoop 目录下的 ./tmp、./hdfs/data、./hdfs/name 等目录的内容。重建这些目录,再格式化 HDFS。

在 hd-master 上执行如下命令。

```
cd /opt/linuxsir/hadoop              //进入 /opt/linuxsir/hadoop 目录

rm -rf /opt/linuxsir/hadoop/tmp
rm -rf /opt/linuxsir/hadoop/hdfs

mkdir /opt/linuxsir/hadoop/tmp       //创建 tmp 目录
```

```
mkdir -p /opt/linuxsir/hadoop/hdfs/data /opt/linuxsir/hadoop/hdfs/name
                              //创建 hdfs 的 data、name 子目录
```

在 hd-master 上,通过 SSH 在 hd-slave1、hd-slave2 上远程执行如下命令:

```
ssh root@192.168.31.130 rm -rf /opt/linuxsir/hadoop/tmp
ssh root@192.168.31.130 rm -rf /opt/linuxsir/hadoop/hdfs

ssh root@192.168.31.130 mkdir /opt/linuxsir/hadoop/tmp
ssh root@192.168.31.130 mkdir -p /opt/linuxsir/hadoop/hdfs/data /opt/
linuxsir/hadoop/hdfs/name

ssh root@192.168.31.131 rm -rf /opt/linuxsir/hadoop/tmp
ssh root@192.168.31.131 rm -rf /opt/linuxsir/hadoop/hdfs

ssh root@192.168.31.131 mkdir /opt/linuxsir/hadoop/tmp
ssh root@192.168.31.131 mkdir -p /opt/linuxsir/hadoop/hdfs/data /opt/
linuxsir/hadoop/hdfs/name
```

**2. NodeManager 不能在 8040 端口启动**

Hadoop 相关进程(NodeManager)不能正常启动,在 hd-slave1、hd-slave2 的/opt/linuxsir/hadoop/logs 目录下,查看日志文件,发现 NodeManager 不能绑定到 8040。

提示信息为"error starting nodemanager does not contain a valid host:port authority 8040."。

可以单独启动 NodeManager 进行确认,在 hd-slave1、hd-slave2 上执行如下命令:

```
cd /opt/linuxsir/hadoop/sbin
./yarn-daemons.sh start nodemanager
```

查看 8040 端口占用情况,下面的命令查看哪个进程拟占用该端口(如服务进程未启动,则不占用)。

```
cat /etc/services | grep 8040
```

列出所有当前被占用的端口,并且查看是否有 8040 端口。

```
netstat -ntlp
netstat -ntlp|grep 8040
```

上述问题的解决办法是修改 hd-master 的 etc/hadoop/yarn-site.xml 配置文件,设定 9030、9031、9032、9033 等端口,可以参考 4.4.4 节 yarn-site.xml 的内容。同时,把修改传播到整个集群。

```
scp -r /opt/linuxsir/hadoop/etc/hadoop/yarn-site.xml hd-slave1:/opt/
linuxsir/hadoop/etc/hadoop
scp -r /opt/linuxsir/hadoop/etc/hadoop/yarn-site.xml hd-slave2:/opt/
linuxsir/hadoop/etc/hadoop
```

**3. 无效的资源请求(内存)**

提示信息为"Invalid resource request, requested memory < 0, or requested memory > max configured, requestedMemory=1536, maxMemory=1024."。

对配置文件 yarn-site.xml 做如下修改:

```
<property>
    <name>yarn.nodemanager.resource.memory-mb</name>
    <value>2048</value>
</property>

<property>
    <name>yarn.scheduler.maximum-allocation-mb</name>
    <value>2048</value>
</property>

<property>
    <name>yarn.scheduler.minimum-allocation-mb</name>
    <value>1024</value>
</property>

<property>
    <name>yarn.app.mapreduce.am.resource.mb</name>
    <value>1024</value>
</property>

<property>
    <name>yarn.app.mapreduce.am.command-opts</name>
    <value>-Xms128m -Xmx256m</value>
</property>
```

对配置文件 mapred-site.xml 做如下修改:

```
<property>
    <name>mapreduce.map.java.opts</name><!-- settings for JVM map task -->
    <value>-Xms128m -Xmx256m</value>
</property>
```

```xml
<property>
    <name>mapreduce.reduce.java.opts</name><!-- settings for JVM reduce task -->
    <value>-Xms128m -Xmx256m</value>
</property>
```

**4. ResourceManager 的 8032 端口被占用且无法连接**

对配置文件 yarn-site.xml 做相关修改,参考第 2 个问题的描述。

此外,需要关闭 hd-master、hd-slave1、hd-slave2 服务器的防火墙,否则会导致端口访问不通,出现莫名其妙的错误。具体命令如下:

```
service iptables stop
ssh root@192.168.31.130 service iptables stop
ssh root@192.168.31.131 service iptables stop
```

**5. 运行内存超过虚拟内存限制**

提示信息"running beyond virtual memory limits. Current usage:49.2MB of 384MB physical memory used;1.6GB of 806.4MB virtual memory used. Killing container."。

对配置文件 yarn-site.xml 做如下修改,表示把虚拟内存开辟到物理内存容量的 8 倍。

```xml
<property>
    <name>yarn.nodemanager.vmem-check-enabled</name>
    <value>false</value>
</property>

<property>
    <name>yarn.nodemanager.vmem-pmem-ratio</name>
    <value>8</value>
</property>
```

**6. 运行内存超过物理内存限制**

提示信息"running beyond physical memory limits. Current usage:183.2MB of 128MB physical memory used;817.1MB of 1GB virtual memory used. Killing container."。

对相关配置文件的修改参考上述第 3 点及第 5 点的描述。

## 4.13　HDFS Java 程序分析

文献[1]和文献[2]给出了使用 Java 代码存取 HDFS 的实例,对该实例进行分析如下。为了顺利运行该实例,需要编辑 /opt/linuxsir/hadoop/etc/hadoop/hdfs-site.xml 配置文件,添加如下配置:

```
<!-- for windows access Linux HDFS -->
<property>
    <name>dfs.permissions.enabled</name>
    <value>false</value>
</property>
```

启动 HDFS 和 YARN。

```
rm -rf /opt/linuxsir/hadoop/logs/*.*
ssh root@192.168.31.130 rm -rf /opt/linuxsir/hadoop/logs/*.*
ssh root@192.168.31.131 rm -rf /opt/linuxsir/hadoop/logs/*.*

clear
cd /opt/linuxsir/hadoop/sbin
./start-dfs.sh
./start-yarn.sh

clear
jps
ssh root@192.168.31.130 jps
ssh root@192.168.31.131 jps
```

存取 HDFS 的代码分析如下。
首先导入必要的 Java 类。

```
package com.pai.hdfs_demo;

import org.apache.commons.io.IOUtils;
import org.apache.hadoop.conf.Configuration;
import org.apache.hadoop.fs.FSDataInputStream;
import org.apache.hadoop.fs.FSDataOutputStream;
import org.apache.hadoop.fs.FileSystem;
import org.apache.hadoop.fs.Path;

import java.io.*;
import java.nio.charset.StandardCharsets;
```

新建一个类 ReadWriteHDFSExample，编写 main 函数如下。main 函数首先调用其他函数，创建目录、写入数据、添加数据，然后再读取数据。

```java
public class ReadWriteHDFSExample {

    //main
    public static void main(String[] args) throws IOException {
        //ReadWriteHDFSExample.checkExists();

        ReadWriteHDFSExample.createDirectory();
        ReadWriteHDFSExample.writeFileToHDFS();
        ReadWriteHDFSExample.appendToHDFSFile();

        ReadWriteHDFSExample.readFileFromHDFS();
    }
```

readFileFromHDFS 函数如下，该函数读取文件内容，以字符串形式显示。

```java
//readFileFromHDFS
public static void readFileFromHDFS() throws IOException {
    Configuration configuration = new Configuration();
    configuration.set("fs.defaultFS", "hdfs://192.168.31.129:9000");
    FileSystem fileSystem = FileSystem.get(configuration);

    //Create a path
    String fileName = "read_write_hdfs_example.txt";
    Path hdfsReadPath = new Path("/javareadwriteexample/" + fileName);
    //initialize input stream
    FSDataInputStream inputStream = fileSystem.open(hdfsReadPath);
    //Classical input stream usage
    String out = IOUtils.toString(inputStream, "UTF-8");
    System.out.println(out);

    //BufferedReader bufferedReader = new BufferedReader(
    //new InputStreamReader(inputStream, StandardCharsets.UTF_8));
    //String line = null;
    //while ((line=bufferedReader.readLine())!=null){
    //    System.out.println(line);
    //}

    inputStream.close();
    fileSystem.close();
}
```

writeFileToHDFS 函数打开文件，写入一行文本。

```java
//writeFileToHDFS
public static void writeFileToHDFS() throws IOException {
    Configuration configuration = new Configuration();
    configuration.set("fs.defaultFS", "hdfs://192.168.31.129:9000");
    FileSystem fileSystem = FileSystem.get(configuration);

    //Create a path
    String fileName = "read_write_hdfs_example.txt";
    Path hdfsWritePath = new Path("/javareadwriteexample/" + fileName);
    FSDataOutputStream fsDataOutputStream = fileSystem.create
(hdfsWritePath, true);

    BufferedWriter bufferedWriter = new BufferedWriter(
            new OutputStreamWriter(fsDataOutputStream, StandardCharsets.UTF_8));

    bufferedWriter.write("Java API to write data in HDFS");
    bufferedWriter.newLine();

    bufferedWriter.close();
    fileSystem.close();
}
```

appendToHDFSFile 函数打开文件，添加一行文本。需要注意的是，需要对 Configuration 类的对象 configuration 进行适当设置，否则会出错。

```java
//appendToHDFSFile
public static void appendToHDFSFile() throws IOException {
    Configuration configuration = new Configuration();
    configuration.set("fs.defaultFS", "hdfs://192.168.31.129:9000");
    //configuration.setBoolean("dfs.client.block.write.replace-datanode-on
-failure.enabled", true);
    configuration.set("dfs.client.block.write.replace-datanode-on-
failure.policy","NEVER");
    configuration.set("dfs.client.block.write.replace-datanode-on-
failure.enable","true");
    FileSystem fileSystem = FileSystem.get(configuration);

    //Create a path
    String fileName = "read_write_hdfs_example.txt";
    Path hdfsWritePath = new Path("/javareadwriteexample/" + fileName);
    FSDataOutputStream fsDataOutputStream = fileSystem.append
(hdfsWritePath);
```

```java
        BufferedWriter bufferedWriter = new BufferedWriter(
                new OutputStreamWriter(fsDataOutputStream, StandardCharsets.UTF_8));

        bufferedWriter.write("Java API to append data in HDFS file");
        bufferedWriter.newLine();

        bufferedWriter.close();
        fileSystem.close();
    }
```

createDirectory 函数创建一个目录。

```java
    //createDirectory
    public static void createDirectory() throws IOException {
        Configuration configuration = new Configuration();
        configuration.set("fs.defaultFS", "hdfs://192.168.31.129:9000");
        FileSystem fileSystem = FileSystem.get(configuration);

        String directoryName = "/javareadwriteexample";
        Path path = new Path(directoryName);
        fileSystem.mkdirs(path);
    }
```

checkExists 函数检查目录或者文件是否存在。注意如下代码的最后一个花括号是 ReadWriteHDFSExample 类的结束花括号。

```java
    //checkExists
    public static void checkExists() throws IOException {
        Configuration configuration = new Configuration();
        configuration.set("fs.defaultFS", "hdfs://192.168.31.129:9000");
        FileSystem fileSystem = FileSystem.get(configuration);

        String directoryName = "/javareadwriteexample";
        Path path = new Path(directoryName);
        if (fileSystem.exists(path)) {
            System.out.println("File/Folder Exists : " + path.getName());
        } else {
            System.out.println("File/Folder does not Exists : " + path.getName());
        }
    }
}
```

为了编译通过上述 Java 代码,需要把如下目录下的 jar 包导入 Eclipse 项目的 Build Path。操作过程如下,右击 Eclipse Java 项目,在弹出的快捷菜单中选择 Properties 命令,打开 Properties 对话框,选择 Java Build Path→Libraries 标签,单击 Add External Jars 按钮,添加如下路径。

```
D:\hadoop-2.7.3\share\hadoop\common\lib
D:\hadoop-2.7.3\share\hadoop\common
D:\hadoop-2.7.3\share\hadoop\hdfs
```

执行完毕上述代码后,可以通过如下命令,检查已经写入的文件。

```
cd /opt/linuxsir/hadoop/bin
./hdfs dfs -ls /javareadwriteexample/read_write_hdfs_example.txt
./hdfs dfs -cat /javareadwriteexample/read_write_hdfs_example.txt
```

为了多次进行实验(或者为了调试代码),可以把 HDFS 文件删除,然后再执行或者调试 Java 代码,否则该目录已经存在,执行创建目录的代码就会出错。

```
cd /opt/linuxsir/hadoop/bin
./hdfs dfs -rm /javareadwriteexample/*
./hdfs dfs -rmdir /javareadwriteexample
```

停止 YARN 和 HDFS。

```
cd /opt/linuxsir/hadoop/sbin
./stop-yarn.sh
./stop-dfs.sh

jps
ssh root@192.168.31.130 jps
ssh root@192.168.31.131 jps
```

## 4.14 WordCount 程序代码简单分析

在这里,简单分析 MapReduce WordCount 程序。关于如何配置 Eclipse 以便开发 MapReduce Java 程序,参考 4.16 节。

(1) 首先导入必要的 Java Package。

```
package mywordcount;

import java.io.IOException;
import java.util.StringTokenizer;
```

```java
import org.apache.hadoop.conf.Configuration;
import org.apache.hadoop.fs.Path;
import org.apache.hadoop.io.IntWritable;
import org.apache.hadoop.io.Text;
import org.apache.hadoop.mapreduce.Job;
import org.apache.hadoop.mapreduce.Mapper;
import org.apache.hadoop.mapreduce.Reducer;
import org.apache.hadoop.mapreduce.lib.input.FileInputFormat;
import org.apache.hadoop.mapreduce.lib.output.FileOutputFormat;
import org.apache.hadoop.util.GenericOptionsParser;
```

（2）定义 WordCount 类的内部类 TokenizerMapper。

该类实现了 map 函数，它把从文件读取的每个 word 变成一个形式为＜word,1＞的键-值对，输出到 map 函数的参数 context 对象，由执行引擎完成 Shuffle。

```java
public static class TokenizerMapper
    extends Mapper<Object, Text, Text, IntWritable>{

  private final static IntWritable one = new IntWritable(1);
  private Text word = new Text();

  public void map(Object key, Text value, Context context
                  ) throws IOException, InterruptedException {
    StringTokenizer itr = new StringTokenizer(value.toString());
    while (itr.hasMoreTokens()) {
      word.set(itr.nextToken());
      context.write(word, one);
    }
  }
}
```

（3）定义 WordCount 类的内部类 IntSumReducer。

IntSumReducer 类实现了 reduce 函数，它收拢所有 key 值相同的、形式为＜word,1＞的键-值对，对 value 部分进行累加，输出一个计数。

```java
public static class IntSumReducer
    extends Reducer<Text,IntWritable,Text,IntWritable> {
  private IntWritable result = new IntWritable();

  public void reduce(Text key, Iterable<IntWritable> values,
                     Context context
                     ) throws IOException, InterruptedException {
```

```
    int sum = 0;
    for (IntWritable val : values) {
      sum += val.get();
    }
    result.set(sum);
    context.write(key, result);
    String thekey = key.toString();
    int thevalue = sum;
  }
}
```

（4）为 WordCount 类实现 main 函数。

WordCount 类的 main 函数，负责配置 Job 的若干关键参数，并且启动这个 Job。

在 main 函数中，conf 对象包含一个属性，即 fs.defaultFS，该属性的值为 hdfs://192.168.31.129:9000，使得 WordCount 程序知道如何存取 HDFS。

```
public class WordCount {

  public static void main(String[] args) throws Exception {
    Configuration conf = new Configuration();
    String[] otherArgs = new GenericOptionsParser(conf, args).getRemainingArgs();
    if (otherArgs.length != 2) {
      System.err.println("Usage: wordcount <in> <out>");
      System.exit(2);
    }
    conf.set("fs.defaultFS", "hdfs://192.168.31.129:9000");
    Job job = new Job(conf, "word count");
    job.setJarByClass(WordCount.class);
    job.setMapperClass(TokenizerMapper.class);
    job.setCombinerClass(IntSumReducer.class);
    job.setReducerClass(IntSumReducer.class);
    job.setOutputKeyClass(Text.class);
    job.setOutputValueClass(IntWritable.class);
    FileInputFormat.addInputPath(job, new Path(otherArgs[0]));
    FileOutputFormat.setOutputPath(job, new Path(otherArgs[1]));

    System.exit(job.waitForCompletion(true) ? 0 : 1);
  }
}
```

## 4.15 MapReduce Sort

当查看 TeraSort MapReduce 应用程序的代码时,没有看到有关的排序功能。但是 TeraSort 程序又能够对大规模的数据进行排序,这是为什么呢?这是由 MapReduce 内部运行机制提供保证的。

每个 mapper 生成的数据首先缓存,缓存达到一定大小后,对数据进行排序,写入磁盘。一系列的磁盘小文件要进行合并,合并的过程也保持数据的有序性。每个 mapper 的输出都划分为 R 份(Segment),对应 R 个 reducer task。

对于每个 reducer,从所有 mapper 接收应该由它处理的部分(Segment),这个过程称为 Shuffle。然后进行合并,合并的过程保持数据的有序性,即这是一个合并排序(Merge Sort)的过程,如图 4-5 所示。

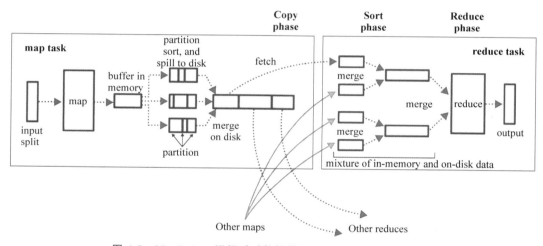

图 4-5　MapReduce 运行时对数据的排序(Map 端和 Reduce 端)

根据上述原理可知,我们看到 TeraSort 程序的 map 函数和 reduce 函数都写得比较简单,TeraSort 程序依靠 MapReduce 运行平台的内部运行机制,实现了数据的排序。

关于 TeraSort 的进一步信息,读者可以参考文献[4]和文献[5]。具体的 TeraSort 代码,请参考 $HADOOP_HOME/share/hadoop/mapreduce/sources 目录下的 hadoop-mapreduce-examples-2.7.3-sources.jar 文件。

## 4.16 MapReduce Java 开发环境配置

我们已经把 Hadoop 安装在 Linux 系统上。下面讲述如何在 Windows 系统上通过 Eclipse 进行 MapReduce 程序的开发。配置好开发环境后,使用 WordCount 实例演示如何编译和运行 MapReduce 程序。此外,还可以使用开发环境的调试功能,调试 MapReduce 程序。具体的配置过程如下。

首先，安装 JDK，运行 jdk-8u101-windows-x64.exe(jdk 1.8.0_101)安装文件，完成安装。
接着，安装 Eclipse，把 eclipse-java-mars-2-win32-x86_64.zip(eclipse Mars.2 Release 4.5.2)文件解压缩到 D 盘根目录下，完成安装，即把 Eclipse 安装在 D:\eclipse 目录下。

（1）从网址 https://github.com/rucyang/hadoop.dll-and-winutils.exe-for-hadoop2.7.3-on-windows_X64 下载 hadoop-2.7.3-winutils.zip 文件（2017 年 1 月版），包含 hadoop.dll 和 winutils.exe 等文件。

（2）从网址 https://github.com/huangqichuan/hadoop-eclipse-plugin-2.7.3 下载 Hadoop Plugin，即 hadoop-eclipse-plugin-2.7.3.jar。如果 hadoop-eclipse-plugin-2.7.3.jar 兼容性有问题，可用 Google 搜索并且下载 hadoop-eclipse-plugin-2.6.0.jar。

（3）把 hadoop2.7.3.tar.gz 解压到 D:\hadoop-2.7.3 目录下。

（4）把 hadoop-2.7.3-winutils.zip 解压到 D:\ hadoop2.7.3\bin 目录下。

（5）为 Windows 系统添加环境变量。右击"我的电脑"图标，在弹出的快捷菜单中选择"属性"命令，选择"高级系统设置"选项，单击"环境变量"按钮，弹出"环境变量"对话框，在"系统变量"面板中单击"新建"按钮，添加变量如表 4-1 所示。

表 4-1 变量名和变量值

| 变 量 名 | 变 量 值 |
| --- | --- |
| HADOOP_HOME | D:\hadoop-2.7.3 |
| HADOOP_USER_NAME | root |

在"系统变量"列表框中选择 Path 环境变量，单击"编辑"按钮，增加一项为 D:\hadoop-2.7.3\bin。重启 Windows，让 Path 变量起作用。

（6）把 hadoop-eclipse-plugin-2.7.3.jar 文件（也可使用 hadoop-eclipse-plugin-2.6.0.jar）放在 eclipse 安装路径的 plugins 目录里，即 D:\eclipse\plugins 目录。

（7）重启计算机，然后重启 Eclipse。

（8）配置 Eclipse。

选择 Window→Preference 命令，打开 Preference 对话框，选择 Hadoop Map/Reduce 选项，设定 Hadoop install directory 为 Hadoop 的安装路径，即 D:\hadoop-2.7.3。

选择 Window→Perspective→Open Perspective→Other→Map/Reduce 命令，打开"Hadoop 插件"对话框。

DFS Master 的 IP 地址为 192.168.31.129，端口为 9000，参考 192.168.31.129 虚拟机上/opt/linuxsir/hadoop/etc/hadoop/core-site.xml 文件的 fs.defaultFS 配置项。MapReduce V2 Master 的 IP 地址为 192.168.31.129，端口为 9032，参考 192.168.31.129 虚拟机上/opt/linuxsir/hadoop/etc/hadoop/yarn-site.xml 文件的 yarn.resourcemanager.address 配置项。Hadoop Plugin 的 Hadoop Location 设置如图 4-6 所示。

注意：Hadoop MapReduce 已经从 1.0 发展到 2.0，二者在配置上有很大差别。

Hadoop 2.2.0 已经取消了 JobTracker，它把 JobTracker 分解为两个组件即 ResourceManager 和 YARN 调度器。

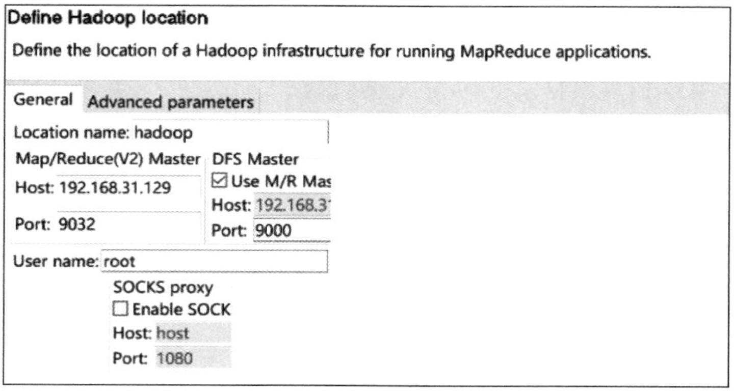

图 4-6　Hadoop Plugin 的 Hadoop Location 设置

配置文件 mapred-site.xml 的 mapred.jobtracker.address 配置项，已经被 yarn-site.xml 文件的 yarn.resourcemanager.address 配置项所替代，具体如下：

```
<property>
    <name>yarn.resourcemanager.address</name>
    <value>hd-master:9032</value>
</property>
```

（9）新建项目 WordCount.java，具体代码参考 4.14 节。

（10）新建 Run Configuration 并运行 Java 程序。

选择 Run As→Run Configurations 命令，打开 Run Configurations 对话框，新建一个 Run Configuration，类型为 Java Application。设定 Main class 为 WordCount 的主类。设定 arguments 如下：

```
hdfs://192.168.31.129:9000/input
hdfs://192.168.31.129:9000/output
```

为了运行上述 WordCount 程序，需要把 HDFS 上的 /output 目录删除（如果存在）。可以使用如下命令删除 HDFS 的 /output 目录。

```
//在 Linux 终端运行如下命令
cd /opt/linuxsir/hadoop/bin
./hdfs dfs -ls /output
./hdfs dfs -rm /output/*
./hdfs dfs -rmdir /output
```

运行 WordCount 程序，选择 Run As→Run Configurations 命令，打开 Run Configurations 对话框，选择建立好的 Run Configuration，单击 Run 按钮。

如果要调试 WordCount 程序，需要建立 Debug Configuration，方法和建立 Run Configuration 类似。然后在项目上右击，在弹出的快捷菜单中选择 Debug As→Debug

Configurations 命令,打开 Debug Configurations 对话框,选择建立好的 Debug Configuration,单击 Debug 按钮。

运行 MapReduce Java 程序时出现以下 3 个问题的解决办法。

(1) log4j 没有提示。

在项目根目录下,新建 log4j.properties 文件,内容如下:

```
log4j.rootLogger=debug, stdout
log4j.appender.stdout=org.apache.log4j.ConsoleAppender
log4j.appender.stdout.layout=org.apache.log4j.PatternLayout
log4j.appender.stdout.layout.ConversionPattern=%-4r [%t] %-5p %c %x - %m%n
```

(2) hdfs://CentOS7SMB:9000 解析错误。

修改 C:\Windows\System32\drivers\etc\hosts 文件,添加内容如下:

```
192.168.31.129 hd-master
192.168.31.130 hd-slave1
192.168.31.131 hd-slave2
192.168.31.129 CentOS7SMB
```

为了能够编辑 C:\Windows\System32\drivers\etc\hosts 文件,需要对该文件进行授权。右击该文件,在弹出的快捷菜单中选择"属性"命令,选择"安全"选项卡,单击"编辑"按钮,选中"写入"复选框。

(3) NativeIO 出问题。

从源代码包(需要从 Hadoop 网站下载 hadoop-2.7.3-src.tar.gz 文件)解压缩出 org.apache.hadoop.io.nativeio.NativeIO.java 文件,把该文件放到项目里。并做如下修改,即直接 return true,不做任何检查。

```
public static boolean access(String path, AccessRight desiredAccess) throws
IOException {
    return true; //@FIX 2020-08-08 by PAI
       //return access0(path, desiredAccess.accessRight());
}
```

## 4.17 思考题

1. 调研 PageRank 算法及其 MapReduce 实现。
2. 调研 Inverted Index 算法及其 MapReduce 实现。
3. 调研 $K$-means 算法及其 MapReduce 实现。

# 参考文献

[1] Java Developer Zone. Java Read & Write files in HDFS Example[EB/OL]. (2019-01-27) [2021-10-15]. https://javadeveloperzone.com/hadoop/java-read-write-files-hdfs-example/.

[2] Nsquare-jdzone. Hadoop Examples[EB/OL]. (2019-02-24) [2021-10-15]. https://github.com/nsquare-jdzone/hadoop-examples/blob/master/ReadWriteHDFSExample/src/main/java/com/javadeveloperzone/ReadWriteHDFSExample.java.

[3] Apache. MapReduce Tutorials[EB/OL]. (2016-08-18) [2021-10-15]. http://hadoop.apache.org/docs/r2.7.3/hadoop-mapreduce-client/hadoop-mapreduce-client-core/MapReduceTutorial.html#Example：_WordCount_v1.0.

[4] Stack Overflow. Why not Mapper/Reducer for Hadoop TeraSort[EB/OL]. (2011-07-03) [2021-10-15]. https://stackoverflow.com/questions/6565255/why-not-mapper-reducer-for-hadoop-terasort/17349147.

[5] Stack Exchange. Help understanding MapReduce Sort example[EB/OL]. (2013-01-18) [2021-10-15]. https://softwareengineering.stackexchange.com/questions/184162/help-understanding-mapreduce-sort-example.

[6] wl0909. CentOS 7 安装 Hadoop 2.7.3 完整流程及总结[EB/OL]. (2016-11-26). [2021-09-20]. https://blog.csdn.net/wl0909/article/details/53354999.

[7] Server World. Install Apache Hadoop[EB/OL]. (2015-07-28) [2021-09-15]. http://www.server-world.info/en/note?os=CentOS_7&p=hadoop.

[8] JOpen. CentOS 7 安装 Hadoop 2.7 完整流程[EB/OL]. (2015-03-01) [2021-09-20]. http://www.open-open.com/lib/view/open1435761287778.html.

[9] Apache. Hadoop Cluster Setup[EB/OL]. (2016-08-18) [2021-08-15]. http://hadoop.apache.org/docs/r2.7.3/hadoop-project-dist/hadoop-common/ClusterSetup.html.

[10] Apache. MapReduce Tutorial[EB/OL]. (2020-07-06) [2021-09-20]. https://hadoop.apache.org/docs/current/hadoop-mapreduce-client/hadoop-mapreduce-client-core/MapReduceTutorial.html.

# 第 5 章 HBase 简介、部署与开发

本章首先介绍 HBase 数据库,包括数据模型、系统架构及存储格式。其次介绍 HBase 的安装和配置,以及如何使用 HBase Shell 建表和增加、删除、修改、查询数据。最后剖析了一个 HBase Java 实例。

## 5.1 HBase 简介

HBase 是一个高可靠、高性能、面向列、可伸缩的分布式数据库系统。利用 HBase 可在廉价 PC Server 上搭建大规模结构化数据管理集群。

HBase 是一款借鉴 Google Bigtable 技术实现的开源软件。Bigtable 利用 GFS 作为其文件存储系统,HBase 则利用 HDFS 作为其文件存储系统;Bigtable 利用 MapReduce 处理 Bigtable 中的海量数据,HBase 则利用 Hadoop MapReduce 处理 HBase 中的海量数据;Bigtable 利用 Chubby 实现协同服务,HBase 则利用 Zookeeper 实现同样的功能。

在 Hadoop 生态系统中,HBase 为一款结构化数据管理工具。HDFS 为 HBase 提供了高可靠性的底层存储支持,Hadoop MapReduce 为 HBase 提供了高性能的计算能力,Zookeeper 为 HBase 提供了稳定服务和故障转移(Failover)机制。Sqoop 则为 HBase 提供了方便的 RDBMS 数据导入功能,使得从传统数据库向 HBase 迁移变得非常方便。

## 5.2 HBase 访问接口

HBase 提供了丰富的访问接口。

(1) Native Java API:是最常用且高效的访问方式,适合 MapReduce Job 并行处理 HBase 表格的数据。

(2) HBase Shell:是 HBase 的命令行工具,适合对 HBase 进行管理时使用。

(3) Thrift Gateway:利用 Thrift 序列化技术,支持 C++、PHP、Python 等多种语言,适合其他异构系统访问 HBase 表格数据。

(4) REST Gateway:支持 REST 风格的 HTTP API 访问 HBase,解除了

语言限制。

（5）Pig：可以使用 Pig Latin 编程语言来操作 HBase 中的数据（编译成 MapReduce Job 来处理 HBase 表格的数据），适合做数据统计。

（6）Hive：0.7.0 以上版本的 Hive 支持 HBase，使得用户可以使用类似 SQL 的查询语言来访问 HBase。

## ◆ 5.3　HBase 的数据模型

HBase 包含如下 4 个重要概念。

Table：HBase 的表格，类似关系数据库的表格，但是有所不同。

Row Key：行键，是 Table 的主键，Table 中的记录按照 Row Key 排序。

Column 和 Column Family（列簇或者列分组）：Table 在垂直方向由一个或者多个 Column Family 组成。Column Family 可以由任意多个 Column 组成，即 Column Family 支持动态扩展，无须预先定义 Column 的数量以及类型。所有 Column 均以二进制格式存储，用户需要自行进行类型转换。

Timestamp：每次数据操作对应的时间戳，可以看作是数据的版本号（Version Number）。

图 5-1 展示了一个 HBase 的数据模型实例，该表以反转的 URL 作为 Row Key。

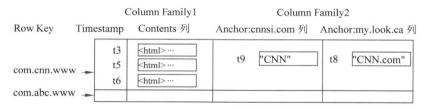

图 5-1　HBase 的数据模型

这个表格有两个 Column Family，分别是 Contents 和 Anchor。Contents 保存了页面的内容，每个时间戳对应一个页面，可以保留该页面的不同历史版本；Anchor 则保存了指向这个页面（即引用该页面）的其他页面的锚点（即其他页面的超链接指向本页面）的文本信息。

在这个实例中，CNN 的主页，被 Sports Illustrated（cnnsi.com）和 My Look（my.look.ca）两个页面指向，所以每行记录有 Anchor:cnnsi.com 和 Anchor:my.look.ca 两列，它们隶属于同一个 Column Family，即 Anchor。

这个表格有两个 Row Key，第一个 Row Key 保留了 3 个时间戳的 Contents 列，一个时间戳的 Anchor:cnnsi.com 列，以及另一个时间戳的 Anchor:my.look.ca 列。

当 Table 的记录数不断增加而变大后，一个 Table 逐渐分裂（Split）成多个 Split，称为 Region。每个 Region 由[startkey,endkey）或[startkey,endkey]表示，不同的 Region 被 Master 分配给相应的 RegionServer 进行管理（存储），如图 5-2 所示。

HBase 中有两张特殊的 Table：-ROOT-和.META.。

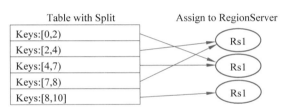

图 5-2　HBase 的 Region

(1) .META.：记录用户表的 Region 信息，其可以有多个 Region。
(2) -ROOT-：记录.META.表的 Region 信息，其只有一个 Region。
Zookeeper 中记录了-ROOT-表的位置信息（Location）。Client 访问数据之前需要先访问 Zookeeper，再访问-ROOT-表，然后访问.META.表，进而找到用户数据的位置，最后访问具体的数据。

## ◆ 5.4　HBase 系统架构

HBase 系统架构如图 5-3 所示，这是一个典型的主从（Master-Slave）架构，包含 HMaster、HRegionServer 和 Zookeeper。

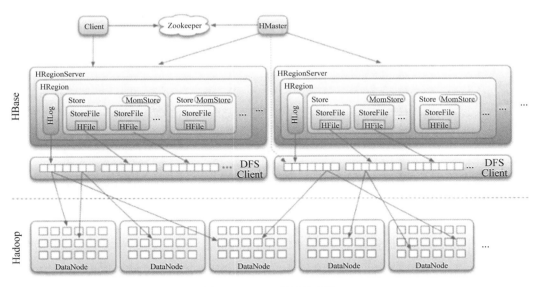

图 5-3　HBase 的系统架构

Client：HBase Client 使用 HBase 的 RPC 机制与 HMaster 和 HRegionServer 进行通信。对于管理类操作，Client 通过 RPC 访问 HMaster；对于数据读写类操作，Client 通过 RPC 访问 HRegionServer。

Zookeeper：Zookeeper Quorum 存储-ROOT-表的地址和 HMaster 的地址。HRegionServer 把自己以短暂的（Ephemeral）方式，注册到 Zookeeper 中，使 HMaster 可

以随时感知各个 HRegionServer 的健康状态。引入 Zookeeper，避免了 HMaster 的单点失败问题。

HMaster：HMaster 负责 Table 和 Region 的管理工作，具体包括如下内容。

（1）管理用户对 Table 的增加、删除、修改、查询操作。

（2）管理 HRegionServer 的负载均衡，调整 Region 分布。

（3）在 Region 分裂后，负责分配新的 Region。

（4）在 HRegionServer 停机后，负责失效 HRegionServer 上的 Region 的迁移。

HBase 可以启动多个 HMaster，通过 Zookeeper 的 Master Election 机制，保证总有一个 Active Master 运行，所以 HMaster 没有单点失败问题。

HRegionServer：主要负责响应用户 I/O 请求，向 HDFS 读写数据，是 HBase 中最核心的模块。每个 HRegionServer 大约可以管理 1000 个 Region。

图 5-4 为 HRegionServer 的内部结构。

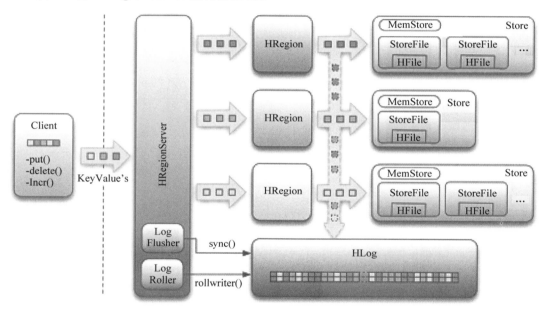

图 5-4　HRegionServer 的内部结构

HRegionServer 内部管理一系列 HRegion 对象，每个 HRegion 对应了 Table 中的一个 Region。HRegion 由多个 HStore 组成，每个 HStore 对应了 Table 中的一个 Column Family 的存储。可以看出，每个 Column Family 是一个集中的存储单元，因此最好将具备共同 I/O 特性的 Column 放在一个 Column Family 中，这样可以提高 I/O 效率。

HStore 存储是 HBase 存储的核心模块，由两部分组成，即 MemStore 和一系列 StoreFile。MemStore 是排序内存缓冲区（Sorted Memory Buffer），用户写入的数据首先会放入 MemStore，当 MemStore 满了以后，写入一个 StoreFile（底层实现是 HFile）。

当 StoreFile 数量增长到一定阈值，会触发压缩（Compact）合并操作，将多个 StoreFile 合并成一个大的 StoreFile，合并过程中会进行版本合并和数据删除。

HBase 只能增加数据,所有的更新和删除操作都是在后续的压缩(Compact)过程中进行的。这使得用户的写操作只要进入内存中就可以立即返回,保证了 HBase I/O 的高性能。

当 StoreFile 压缩后,会逐步形成越来越大的 StoreFile,当单个 StoreFile 大小超过一定阈值后,会触发分裂操作,把当前 Region 分裂成两个 Region,父 Region 会下线,新分裂出的两个子 Region 会被 HMaster 分配到相应的 HRegionServer 上,使得原先一个 Region 的读写压力得以分流到两个 Region 上,如图 5-5 所示。

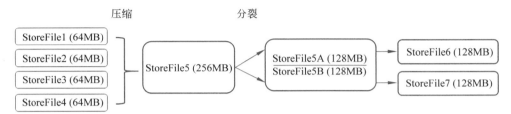

图 5-5　HBase 压缩/分裂过程

在分布式系统环境中,无法避免系统出错或者宕机。一旦 HRegionServer 意外退出,MemStore 中的内存数据将会丢失,因此需要引入 HLog。

每个 HRegionServer 都有一个 HLog 对象,HLog 是一个实现预写日志(Write Ahead Log,WAL)的类。在每次用户操作写入 MemStore 时,首先写一份数据到 HLog 文件中。HLog 文件定期删除旧的日志(已持久化到 StoreFile 中的数据)。

当 HRegionServer 意外终止后,HMaster 会通过 Zookeeper 感知到这个情况,HMaster 首先会处理遗留的 HLog 文件,将其中不同 Region 的 Log 数据进行拆分,分别放到相应 Region 的目录下,然后再将失效的 Region 重新分配。领取到这些 Region 的 HRegionServer,在装载 Region 的过程中,会发现有历史 HLog 需要处理,因此会重放 HLog(应用日志记录)中的数据到 MemStore 中,然后写入 StoreFile 中,完成数据恢复。

## 5.5　HBase 存储格式

HBase 的所有数据文件都存储在 Hadoop HDFS 上,包括两种文件类型。

(1) HFile：Hadoop 的二进制格式文件,实现 HBase 中 KeyValue 数据的存储。StoreFile 是对 HFile 做了轻量级包装,即 StoreFile 底层就是 HFile。

(2) HLog File：在 HBase 中实现 WAL(Write Ahead Log)的存储格式,本质上是 Hadoop Sequence File。

HFile 的存储格式如图 5-6 所示。

HFile 文件是不定长的,长度固定的只有其中的两块：Trailer 和 FileInfo。Trailer 中有指针指向其他数据块的起始点。FileInfo 中记录了文件的一些元信息,如 AVG_KEY_LEN、AVG_VALUE_LEN、LAST_KEY、COMPARATOR、MAX_SEQ_ID_KEY 等。Data Index 和 Meta Index 块记录了每个 Data 块和 Meta 块的起始点。因此,HFile

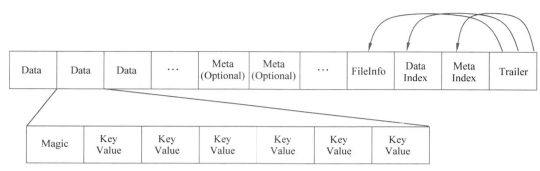

图 5-6 HFile 的存储格式

形成了一种自描述的文件结构。

Data 块是 HBase I/O 的基本单元。为了提高效率，HRegionServer 中实现了基于最近最少使用（Least Recently Used，LRU）的 Block Cache 机制。每个 Data 块的大小可以在创建一个 Table 时通过参数指定，较大的块有利于顺序扫描，较小的块有利于随机查询。

每个 Data 块除了开头的 Magic 信息以外，就是由一个个＜Key,Value＞拼接而成的。Magic 的内容是一些随机数字，目的是防止数据损坏。

HFile 里面的每个＜Key,Value＞都是一个简单的字节（Byte）数组，但是字节数组里面包含了很多项，并且有固定的结构。

如图 5-7 所示，字节数组开始是两个固定长度的数值，分别表示 Key 的长度和 Value 的长度。然后是 Key 部分具体项目排序如下：①固定长度的数值，表示 RowKey 的长度；②RowKey；③固定长度的数值，表示 Column Family 的长度；④Column Family（见图 5-1 中的 Anchor）；⑤Column Qualifier（见图 5-1 中的 cnnsi.com 或者 my.look.ca）；⑥两个固定长度的数值，表示 Timestamp 和 Key Type（Put/Delete）。最后 Value 部分结构简单，就是纯粹的二进制数据。

| Key Length 4B | Value Length 4B | RowKey Length 2B | RowKey … | Column Family Length 1B | Column Family … | Column Qualifier … | Timestamp 8B | Key Type 1B | Value … |
|---|---|---|---|---|---|---|---|---|---|

图 5-7 字节数组

HLogFile 的存储格式如图 5-8 所示。

HLog 文件就是一个普通的 Hadoop Sequence File。HLog Sequence File 的 Key 是 HLogKey 对象，HLogKey 中记录了写入数据的归属信息，除了 Table 和 Region 名字外，同时还包括 Sequence Number 和 Timestamp。Timestamp 是写入时间，Sequence Number 的起始值为 0，或者是最近一次存入文件系统的 Sequence Number。HLog Sequence File 的 Value 是 HBase 的＜Key,Value＞对象，即对应 HFile 中的 Key 和 Value。

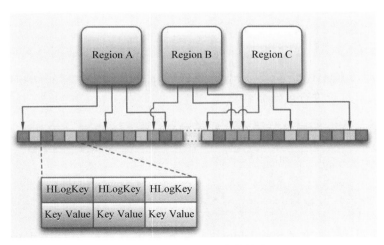

图 5-8　HLogFile 的存储格式

## 5.6　在 HBase 系统上运行 MapReduce

可以在 HBase 系统上运行 MapReduce 作业，如图 5-9 所示，实现数据的批处理。

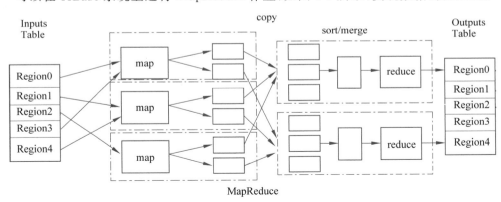

图 5-9　在 HBase 系统上运行 MapReduce 的原理

HBase Table 和 Region 的关系，类似于 HDFS File 和 Block 的关系。HBase 提供了配套的 TableInputFormat API 和 TableOutputFormat API，可以方便地将 HBase Table 作为 Hadoop MapReduce 的数据源（Source）和目的地（Sink）。对于 MapReduce 作业的应用开发人员，不需要关注 HBase 系统的细节。

## 5.7　HBase 安装、配置与运行

下面介绍如何安装、配置和运行 HBase 数据库。

配置 192.168.31.129、192.168.31.130、192.168.31.131 虚拟机的 /etc/hosts 文件。增

加如下内容：

```
127.0.0.1 localhost
```

从官方网址下载 HBase 安装包 hbase-1.2.5-bin.tar.gz。
解压缩后，对目录进行重新命名。

```
cd /opt/linuxsir
tar xzvf hbase-1.2.5-bin.tar.gz
ls hbase-1.2.5

mv hbase-1.2.5 /opt/linuxsir/hbase
```

HBase 可以以独立（Standalone）、伪分布式（Pseudo-Distributed）、分布式（Distributed）3 种模式进行部署，这里只介绍分布式模式。

修改 /opt/linuxsir/hbase/conf 目录下的 hbase-env.sh 脚本文件。设置 JAVA_HOME 的环境变量，以便启动 HBase。

```
export JAVA_HOME=/opt/linuxsir/java/jdk
export HBASE_CLASSPATH=/opt/linuxsir/hadoop/etc/hadoop

export HBASE_MANAGES_ZK=true
```

注意：

（1）HBASE_CLASSPATH 环境变量的设置，使得 HBase 和 Hadoop 的配置文件相连。也就是把 Hadoop 配置文件所在目录加入 HBASE_CLASSPATH 环境变量，使 HBase 看到 HDFS 的配置信息。

（2）如果想使用外部的 Zookeeper，那么 HBASE_MANAGES_ZK 应该设置为 false。

修改当前用户目录下的 ~/.bashrc 文件，并使之生效。

```
echo "" >> ~/.bashrc
echo "export HBASE_HOME=/opt/linuxsir/hbase" >> ~/.bashrc
echo "export PATH=\$HBASE_HOME/bin:\$PATH" >> ~/.bashrc
echo "export CLASSPATH=\$CLASSPATH:/opt/linuxsir/hbase/lib/* " >> ~/.bashrc

cat ~/.bashrc
source ~/.bashrc
```

执行如下命令，建立一些目录，包括 tmp/zookeeper 等。

```
mkdir /opt/linuxsir/hbase/tmp
```

```
ls /opt/linuxsir/hbase/zookeeper
//没有该目录就创建
mkdir /opt/linuxsir/hbase/zookeeper
```

有任何错误,可以先把 tmp 和 zookeeper 目录删除后再尝试。

```
rm -rf /opt/linuxsir/hbase/tmp
rm -rf /opt/linuxsir/hbase/zookeeper
```

编辑 HBase 配置文件,即/opt/linuxsir/hbase/conf 目录下的 hbase-site.xml,内容如下:

```
<?xml version="1.0"?>
<?xml-stylesheet type="text/xsl" href="configuration.xsl"?>
<configuration>
  <property>
    <name>hbase.rootdir</name><!-- 用户无需手动创建 HBase 的 data 目录,HBase 启动的时候会自动创建-->
    <value>hdfs://hd-master:9000/hbase</value>
  </property>

  <property>
    <name>hbase.zookeeper.property.dataDir</name>
    <value>/opt/linuxsir/hbase/zookeeper</value>
  </property>

  <property>
    <name>hbase.cluster.distributed</name>
    <value>true</value>
  </property>

  <property>
    <name>hbase.zookeeper.quorum</name>
    <value>hd-master,hd-slave1,hd-slave2</value>
  </property>

  <property>
    <name>hbase.zookeeper.property.dataDir</name>
    <value>/opt/linuxsir/hbase/zookeeper</value>
  </property>

  <property>
    <name>hbase.zookeeper.property.clientPort</name>
```

```
        <value>12181</value>
    </property>
</configuration>
```

在分布式模式下，HBase 集群包含若干节点，运行主 HMaster 进程、Backup HMaster 进程、Zookeeper 进程及 HRegionServer 进程等。

本书采用如下部署规划，注意 Zookeeper 进程的部署已经在 hbase-site.xml 文件中设置。

（1）HMaster 进程，运行在 hd-master、hd-slave1（backup）上。

（2）Zookeeper 进程，运行在 hd-master、hd-slave1、hd-slave2 上。

（3）HRegionServer 进程，运行在 hd-slave1、hd-slave2 上。

编辑/opt/linuxsir/hbase/conf 目录下的 regionservers 文件，内容如下：

```
hd-slave1
hd-slave2
```

编辑/opt/linuxsir/hbase/conf 目录下的 backup-masters 文件，内容如下：

```
hd-slave1
```

注意：这里没有关于 HMaster 的部署位置的配置。当在 hd-master 上启动 HBase 时，hd-master 节点将运行 HMaster 进程。

## 5.8 启动 HBase 并且测试

从 hd-master 复制/opt/linuxsir/hbase 目录以及~/.bashrc 文件到 hd-slave1 和 hd-slave2，并且在 3 个节点上使~/.bashrc 文件生效。

```
clear
scp -r /opt/linuxsir/hbase hd-slave1:/opt/linuxsir
scp -r /opt/linuxsir/hbase hd-slave2:/opt/linuxsir

scp ~/.bashrc hd-slave1:~/.bashrc
scp ~/.bashrc hd-slave2:~/.bashrc

source ~/.bashrc
ssh root@192.168.31.130 source ~/.bashrc
ssh root@192.168.31.131 source ~/.bashrc
```

启动 HBase 前，需要先启动 Hadoop。

首先，清空日志目录，以便启动出错时，方便查看最新出错信息。

```
rm -rf /opt/linuxsir/hbase/logs/*.*
ls /opt/linuxsir/hbase/logs

ssh root@192.168.31.130 rm -rf /opt/linuxsir/hbase/logs/*.*
ssh root@192.168.31.130 ls /opt/linuxsir/hbase/logs

ssh root@192.168.31.131 rm -rf /opt/linuxsir/hbase/logs/*.*
ssh root@192.168.31.131 ls /opt/linuxsir/hbase/logs
```

在 hd-master 节点上启动 HBase，并检查相关进程是否都正常启动。3 台虚拟机运行的进程：hd-master 虚拟机上有 HMaster 和 HQuorumPeer，hd-slave1 虚拟机上有 HMaster、HRegionServer 和 HQuorumPeer，hd-slave2 虚拟机上有 HRegionServer 和 HQuorumPeer。

启动过程中，首先是内置的 Zookeeper 启动，其次是 HMaster 启动，再次是 HRegionServer（多个节点）启动，最后是 Backup HMaster 启动。

需要注意的是，各个节点还应该启动了 HDFS 和 YARN 的进程。

```
cd /opt/linuxsir/hbase
./bin/start-hbase.sh

jps
ssh root@192.168.31.130 jps
ssh root@192.168.31.131 jps
```

应该看到如下进程列表，进程号可能有差别。

```
//在 hd-master 虚拟机上的进程
20355 Jps
20071 HQuorumPeer
20137 HMaster

//在 hd-slave1 虚拟机上的进程
15930 HRegionServer
16194 Jps
15838 HQuorumPeer
16010 HMaster

//在 hd-slave2 虚拟机上的进程
13901 Jps
13639 HQuorumPeer
13737 HRegionServer
```

启动 HDFS、YARN、HBase 后，各个节点的进程如图 5-10 所示。

| HBase 层 | HQuorumPeer<br>HMaster | HQuorumPeer<br>HMaster<br>HRegionServer | HQuorumPeer<br>HRegionServer | ... |
|---|---|---|---|---|
| YARN 层 | ResourceManager | NodeManager | NodeManager | ... |
| HDFS 层 | NameNode<br>Secondary NameNode | DataNode | DataNode | ... |
| Hardware<br>各个节点 | hd-master 节点<br>192.168.31.129 | hd-slave1 节点<br>192.168.31.130 | hd-slave2 节点<br>192.168.31.131 | ... |

图 5-10　HBase 进程

检查 hdfs://hd-master:9000/hbase 分布式文件系统目录是否存在（HBase 自动创建）。

```
cd /opt/linuxsir/hadoop/bin
./hdfs dfs -ls /hbase
```

利用 HBase Web 管理界面查看 HBase 状态。在浏览器上通过如下网址查看。
http://192.168.31.129:16010
注意：可以查看 HBase 的各个端口。

通过 http://192.168.31.129:16010 访问的是 HMaster，也可以通过 http://hd-slave1:16010/访问 Backup HMaster。

## 5.9　使用 HBase Shell

使用 Shell 程序连接到 HBase 进行操作。

```
//启动 HBase Shell
cd /opt/linuxsir/hbase
./bin/hbase shell
```

在 HBase Shell 里，执行如下命令：

```
//创建一个表格
create 'test', 'cf'

//显示表格信息
list 'test'

//插入数据
put 'test', 'row7', 'cf:a', 'value7a'
put 'test', 'row7', 'cf:b', 'value7b'
put 'test', 'row7', 'cf:c', 'value7c'

put 'test', 'row8', 'cf:b', 'value8b'
```

```
put 'test', 'row9', 'cf:c', 'value9c'
//cf 为 Column Family 的名称,a、b、c 等为字段名称

//扫描显示整个表格的数据
scan 'test'

//提取一行数据
get 'test', 'row7'

//禁用一个表格
disable 'test'
enable 'test'

//删除表格
drop 'test'

//退出 HBase Shell
quit
```

停止 HBase。

```
cd /opt/linuxsir/hbase
./bin/stop-hbase.sh
```

## 5.10　HBase Java 实例分析

文献[2]给出了一个 HBase 的 Java 实例,对该实例分析如下。
首先,导入必要的类。

```
package com.pai.hbase;

import org.apache.hadoop.conf.Configuration;
import org.apache.hadoop.hbase.HBaseConfiguration;
import org.apache.hadoop.hbase.HColumnDescriptor;
import org.apache.hadoop.hbase.HTableDescriptor;
import org.apache.hadoop.hbase.TableName;
import org.apache.hadoop.hbase.client.*;
import org.apache.hadoop.hbase.util.Bytes;
import org.apache.log4j.PropertyConfigurator;
import org.slf4j.Logger;
import org.slf4j.LoggerFactory;
```

```java
import java.io.IOException;
import java.util.UUID;
```

创建 App 类，为其编写 main 函数。新建 Configuration 类的对象 conf，设置 hbase.zookeeper.quorum 属性为 HBase 内置 Zookeeper 的 IP 地址，并设置 hbase.zookeeper.property.clientPort 属性为 HBase 内置 Zookeeper 的端口。利用 conf 对象，创建到 HBase 的连接。对于 HBase 客户端，只需要指定 Zookeeper 服务器的位置和端口即可。

```java
public class App {

    private static final Logger logger = LoggerFactory.getLogger(App.class);

    public static void main(String[] args) throws IOException {

        Configuration conf = HBaseConfiguration.create();
        //Option 1 (recommended): Place hbase-site.xml on src/main/resources
        //Option 2: Configure the hbase connection properties here:
        //- Zookeeper addresses
        conf.set("hbase.zookeeper.property.clientPort", "12181");
        conf.set("hbase.zookeeper.quorum", "192.168.31.129");

        //Create a connection (you can use a try with resources block)
        Connection connection = ConnectionFactory.createConnection(conf);
```

如下代码创建表格。需要指定表格名称和 Column Family 名称，可以有多个 Column Family。

```java
//Creating a table with a random name
Admin admin = connection.getAdmin();
UUID uuid = UUID.randomUUID();
TableName tableName = TableName.valueOf(uuid.toString());
HTableDescriptor tableDescriptor = new HTableDescriptor(tableName);
HColumnDescriptor cf = new HColumnDescriptor(Bytes.toBytes("cf"));
tableDescriptor.addFamily(cf);
logger.info("Creating table {}", tableName);
admin.createTable(tableDescriptor);
```

接着插入一行数据，然后再利用 for 循环插入若干行数据。

```java
//Adding a row and more rows
Table table = connection.getTable(tableName);

logger.info("Adding a row");
```

```java
Put put = new Put(Bytes.toBytes("0001"));
put.addColumn(Bytes.toBytes("cf"), Bytes.toBytes("name"), Bytes.toBytes("Javier"));
table.put(put);

for (int i = 2; i < 10; i++) {
    Put p = new Put(Bytes.toBytes("000" + i));
    p.addColumn(Bytes.toBytes("cf"), Bytes.toBytes("name"), Bytes.toBytes("Javier-" + i));
    table.put(p);
}
```

根据指定的 Key 读取一行数据。

```java
//Reading a row
logger.info("Reading a row");
Get get = new Get(Bytes.toBytes("0001"));
Result r = table.get(get);
byte[] value = r.getValue(Bytes.toBytes("cf"), Bytes.toBytes("name"));
logger.info("Result: Row: {} Value: {}", r, Bytes.toString(value));
```

读取所有数据。

```java
//Full scan
logger.info("Full scan");
Scan scan = new Scan();
ResultScanner scanner = table.getScanner(scan);
for (Result res : scanner) {
    logger.info("Row: {}", res);
}
scanner.close();
```

根据条件，读取符合条件的数据。

```java
//Restricted Scan
logger.info("Restricted Scan");
Scan scan2 = new Scan();
scan2.addColumn(Bytes.toBytes("cf"), Bytes.toBytes("name")).setStartRow(Bytes.toBytes("0003")).setStopRow(Bytes.toBytes("0005"));
ResultScanner scanner2 = table.getScanner(scan2);
for (Result res2 : scanner2) {
    System.out.println(res2);
    byte[] value2 = res2.getValue(Bytes.toBytes("cf"), Bytes.toBytes("name"));
    System.out.println("Value: " + Bytes.toString(value2));
```

```
    }
    scanner2.close();
```

关闭表格、禁用表格和删除表格。最后关闭连接,结束程序。

```
        //Close the table
        table.close();

        //Delete the table
        logger.info("Disabling table {}", tableName);
        admin.disableTable(tableName);
        logger.info("Deleting table {}", tableName);
        admin.deleteTable(tableName);

        //Close the connection
        connection.close();

        System.exit(0);
    }
}
```

需要注意的是,为了使程序编译通过且能够运行,需要把 HBase 安装包解压缩到 D:\hbase-1.2.5 目录下,并且把解压缩目录的 lib 子目录下的 jar 包加入 Eclipse 项目的 Build Path。

在 Eclipse 的 Java 项目上右击,在弹出的快捷菜单中选择 Properties 命令,打开 Properties for hbase_demo 对话框,如图 5-11 所示,选择 Java Build Path 项目。

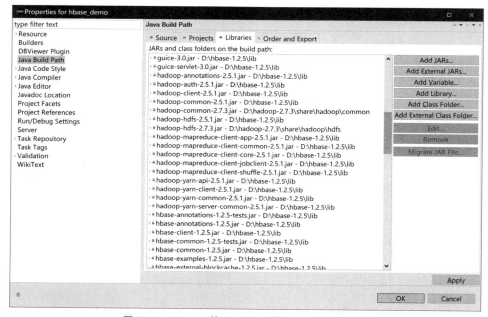

图 5-11　Eclipse 的 Java 项目的 Build Path 设置

把 D:\hadoop-2.7.3\share\hadoop\common 下的 hadoop-common-2.7.3.jar 以及 D:\hadoop-2.7.3\share\hadoop\hdfs 下的 hadoop-hdfs-2.7.3.jar，还有 D:\hbase-1.2.5\lib 目录下的所有 jar 包，通过单击 Add External JARs 按钮，加入项目的 Build Path。

为了运行或者调试上述代码，需要启动 HBase、HDFS 和 YARN（HDFS 和 YARN 需要先启动）。

```
rm -rf /opt/linuxsir/hadoop/logs/*.*
ssh root@192.168.31.130 rm -rf /opt/linuxsir/hadoop/logs/*.*
ssh root@192.168.31.131 rm -rf /opt/linuxsir/hadoop/logs/*.*

clear
cd /opt/linuxsir/hadoop/sbin
./start-dfs.sh
./start-yarn.sh

cd /opt/linuxsir/hbase
./bin/start-hbase.sh

clear
jps
ssh root@192.168.31.130 jps
ssh root@192.168.31.131 jps
```

关闭 HBase 用如下命令。

```
cd /opt/linuxsir/hbase
./bin/stop-hbase.sh

cd /opt/linuxsir/hadoop/sbin
./stop-yarn.sh
./stop-dfs.sh

jps
ssh root@192.168.31.130 jps
ssh root@192.168.31.131 jps
```

## 5.11 若干问题解决

**1. 2181 端口被占用**

检查端口占用情况有以下两种方式。

```
cat /etc/services |grep 2181
//此命令用于查看配置文件中占用 2181 端口的进程,有可能配置了,但是没有启动这个进程
netstat -ntlp|grep 2181    //此命令用于查看占用 2181 端口实际运行的进程
```

修改 HBase Zookeeper 端口。由于 2181 端口被占用,于是修改/opt/linuxsir/hbase/conf/hbase-site.xml 中的 hbase.zookeeper.property.clientPort 为 12181。

```
<property>
  <name>hbase.zookeeper.property.clientPort</name>
  <value>12181</value>
</property>
```

停止 HBase,从 hd-master 复制配置文件到 hd-slave1、hd-slave2 两个节点,然后再启动 HBase。

```
scp /opt/linuxsir/hbase/conf/hbase-site.xml hd-slave1:/opt/linuxsir/hbase/conf
scp /opt/linuxsir/hbase/conf/hbase-site.xml hd-slave2:/opt/linuxsir/hbase/conf
```

### 2. QuorumCnxManager

提示 QuorumCnxManager:Cannot open channel to 2 at election address hd-slave2/192.168.31.131:3888。

解决办法如下,在 hd-master 上运行如下命令,同步 3 个节点的 hosts 文件。

```
clear
scp /etc/hosts root@192.168.31.130:/etc/hosts
scp /etc/hosts root@192.168.31.131:/etc/hosts
```

### 3. MetaTableLocator

提示 zookeeper.MetaTableLocator:Failed verification of hbase:meta。

解决办法如下,启动 HBase 之前执行如下命令,重建/opt/linuxsir/hbase/zookeeper 目录。

```
rm -rf /opt/linuxsir/hbase/zookeeper
mkdir /opt/linuxsir/hbase/zookeeper

ssh root@192.168.31.130 rm -rf /opt/linuxsir/hbase/zookeeper
ssh root@192.168.31.130 mkdir /opt/linuxsir/hbase/zookeeper

ssh root@192.168.31.131 rm -rf /opt/linuxsir/hbase/zookeeper
ssh root@192.168.31.131 mkdir /opt/linuxsir/hbase/zookeeper
```

## 4. 等待 DFS 退出安全模式

提示 util.FSUtils：Waiting for dfs to exit safe mode…

解决办法如下，启动 HBase 之前执行如下命令，强制 NameNode 退出 SafeMode 模式。

```
cd /opt/linuxsir/hadoop/bin
hdfs dfsadmin -safemode leave
```

## 5.12 思 考 题

1. 简述 HBase 的数据模型。
2. 简述 HBase 的系统架构。
3. 简述 HBase 的存储格式。

## 参 考 文 献

[1] linuxidc. 分布式数据库 HBase[EB/OL]. (2013-10-20) [2021-10-15]. https://www.linuxidc.com/Linux/2013-10/91636.htm.

[2] Bigdatacesga. HBase Client Java Examples[EB/OL]. (2018-05-25) [2021-10-15]. https://cwiki.apache.org/confluence/display/Hive/HiveWebInterface.

[3] Apache. HBase quick start[EB/OL]. (2020-11-01) [2021-12-12]. http://hbase.apache.org/book.html#quickstart.

[4] 下雨天 uu. Hadoop 入门进阶课程 10：HBase 介绍、安装与应用案例[EB/OL]. (2015-07-28) [2021-09-15]. http://blog.csdn.net/u013337889/article/details/47107559.

# 第6章 Hive 数据仓库

本章首先介绍 Hive 数据仓库系统，对其数据模型进行深入分析。其次介绍 Hive 的安装和配置，包括如何配置和启动 hiveserver2（JDBC Server）以及通过 beeline（JDBC Client）对其进行连接和查询。最后剖析一个 Hive 的 JDBC Java 实例。

此外，本章还将介绍 Hive 的新执行引擎 Tez、列存储技术及其优势，并对 Parquet 列存储格式进行分析。

## 6.1 Hive 简介

Hive 是基于 Hadoop 的一个数据仓库系统。它可以将结构化的数据文件映射为一张数据库表。Hive 把 HQL（类似 SQL 的查询语言）所编写的语句，转换为 MapReduce 作业，然后在 Hadoop 平台上运行。使用 Hive 时，用户通过类似 SQL 的查询语言就可以快速实现简单的数据分析和统计，学习成本低。大量熟悉 SQL 的开发者、数据分析人员，都可以很快地学会如何使用 Hive 进行数据分析，不必开发专门的 MapReduce 应用。

相对于传统的关系数据库，Hive 具有如下特点。

（1）Hive 使用 Hadoop 的 HDFS 存储数据库数据；关系数据库使用服务器的本地文件系统存储数据库数据。

（2）Hive 使用 MapReduce 计算模型实现查询处理；关系数据库使用自有的查询处理模型，如 Shared Nothing 无共享架构下的并行查询处理模型。

（3）关系数据库主要为高性能查询而设计；Hive 的设计目标是对海量数据进行分析处理，其实时性没有关系数据库好。因此，Hive 和关系数据库的应用场景是不同的。

（4）Hive 基于 Hadoop 平台，具有强大的扩展能力，可以很容易地对存储能力和计算能力进行扩展；关系数据库在扩展性方面比 Hive 要差很多，目前没有关系数据库系统能够扩展到 1000 台以上的集群规模。

（5）关系数据库在数据加载时，要求数据必须符合数据库表的模式（表结构），否则不能加载，称为写时模式（Writing Time Schema）；Hive 在数据加载时，无须进行模式检查，在读取数据时，再对数据以一定的模式进行解释，称为读时模式(Reading Time Schema)。

（6）关系数据库可以对某行数据进行更新、删除等操作，并且支持事务处理；Hive 不支持某个具体数据行的修改，它只支持数据的追加功能。同时，Hive 也不支持事务和索引。Hive 的设计目标是对海量数据进行分析处理，一般需要对数据进行全部扫描。对于更新操作，Hive 需要将原来表格里的数据进行更改(转换)后，写入一个新的表格。

Hadoop 平台(包括 HDFS 和 MapReduce)是 Hive 数据仓库的基础。Hive 包括如下组件：命令行接口(Command Line Interface，CLI)、JDBC 和 ODBC 驱动程序、Thrift Server 服务器、Web 用户界面(Web Interface)、元信息管理器 Metastore 和 Driver(包括编译器(Complier)、优化器(Optimizer)和执行器(Executor))等。这些组件可以分为两类，即服务器端组件和客户端组件，如图 6-1 所示。

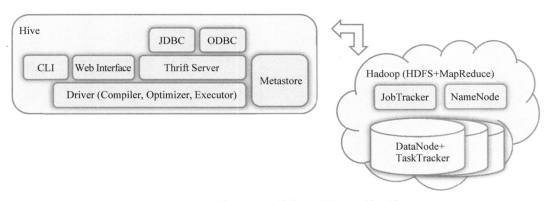

图 6-1　Hive 与 Hadoop 的关系以及 Hive 的组件

Hive 的服务器端组件包括如下内容。

（1）Driver：该组件的作用是将用户编写的 HQL 查询语句进行解析、编译、优化，生成执行计划，然后调用底层的 MapReduce 计算模型来执行。

（2）元信息管理器 Metastore：是元数据管理组件，负责存储 Hive 的元数据。Hive 的元数据存储在关系数据库里，其支持的关系数据库有 Derby、MySQL、Oracle 等。元数据对于 Hive 的正确运行举足轻重。Hive 允许把 Metastore 服务独立出来，安装到远程的服务器集群里，从而解耦 Hive 服务和 Metastore 服务，保证 Hive 运行的健壮性。

（3）Thrift Server 服务器：Thrift Server 服务器是 Facebook 公司开发的一个软件框架，用于开发可扩展的、跨语言的服务接口。Hive 集成了 Thrift Server 服务器，从而支持不同的编程语言调用 Hive 的接口。

Hive 的客户端组件包括如下内容。

（1）CLI：允许用户交互式地使用 Hive。

（2）Thrift 客户端：包括 JDBC 和 ODBC 驱动程序。

（3）Web Interface：Hive 客户端提供了一种通过网页访问 Hive 服务的方式。通过 Web Interface 访问 Hive，必须首先启动 HWI(Hive Web Interface)服务。

Hive 的查询处理过程，如图 6-2 所示。用户提交 HQL 查询给 Driver，Driver 把查询交给 Compiler 进行编译和检查，中间需要参考元信息 Metastore。HQL 查询转换成

MapReduce 作业以后,交给 Execution Engine 执行,Execution Engine 调用 Hadoop 平台的 MapReduce 运行时(Runtime)执行 MapReduce 作业,MapReduce 作业存取 HDFS,对数据进行处理。查询结果返回给 Driver,最后再返回用户。

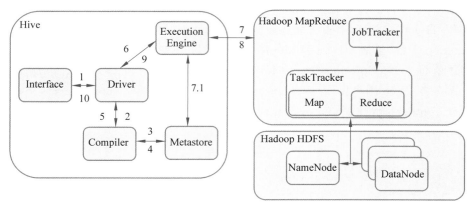

图 6-2 Hive 的查询处理过程

## 6.2 Hive 数据模型

Hive 支持的数据类型,包括整型(Integer)、浮点型(Float)、双精度浮点型(Double),以及字符串(String)等。Hive 还支持更加复杂的数据类型,包括映射(Map)、列表(List)和结构(Struct)。这些复杂类型可以通过嵌套,表达更加复杂的类型。除此之外,Hive 允许用户通过自己定义类型(Type)和函数(Function)扩展系统。

HQL 和标准的 SQL 非常相似,熟悉 SQL 的开发者和数据分析者很容易理解和掌握。

Hive 使用传统数据库使用的表格(Table)、行(Row)、列(Column)、分区(Partition)等概念,易于理解。Hive 的数据模型包括 4 个主要的管理层次,分别是数据库(Database)、表格(Table)、分区和桶(Bucket)。

(1) 数据库:相当于关系数据库里的命名空间(Namespace)。它的作用是将不同用户的数据隔离到不同的数据库和模式中。

(2) 表格:Hive 的表格逻辑上由数据和描述数据格式的元数据组成。表格的数据存放在 HDFS 里,元数据存储在关系数据库里。当创建一张 Hive 的表格,但是还没有为表格加载数据时,该表格在 HDFS 上就是一个目录。Hive 里的表格分为两种类型:一种为托管表,数据文件存储在 Hive 的数据仓库里;另一种为外部表,数据文件可以存放在 Hive 数据仓库外部的 HDFS 上,也可以放到 Hive 的数据仓库里。Hive 的数据仓库就是 HDFS 上的一个目录,这个目录是 Hive 数据文件存储的默认路径。相关元信息则会存放到元数据库里。

(3) 分区:Hive 里的分区是根据分区列的值,对表格的数据进行粗略划分的机制。Hive 表格存储的主目录下的一个子目录名就是自定义的分区列名。分区列不是表里的某个实际字段(列),而是一个虚拟的属性列。根据这个列划分和存储表格里的数据。分区是为了加快查询速度而设计的,如果查询仅需要存取部分数据时,就没有必要进行全表扫描。

例如,通过如下 HQL 语句建立 logs(日志)表格,并进行分区,表格的字段包括 ts(时间戳)和 line(日志的内容),分区字段为 dt(日期)和 country(国家)。

```
Create Table logs (ts bigint, line string) Partitioned By (dt string, country string);
```

可以在 Hive 命令行程序里执行如下语句,把数据导入表。

```
Load data local inpath '/home/hadoop/file01.txt' into table logs partition (dt='2013-06-02', country='cn');
```

在 Hive 数据仓库里,数据实际存储的路径(HDFS 路径)如下。注意,还通过其他的命令,把 dt=2013-06-02、country=us 的数据导入。

```
/user/hive/warehouse/logs/dt=2013-06-02/country=cn/file1.txt
/user/hive/warehouse/logs/dt=2013-06-02/country=cn/file2.txt
/user/hive/warehouse/logs/dt=2013-06-02/country=us/file3.txt
/user/hive/warehouse/logs/dt=2013-06-02/country=us/file4.txt
…
```

在表格 logs 对应的目录下,有了两层子目录,如 dt=2013-06-02 和 country=cn。当执行如下 HQL 查询时,查询操作只会扫描 file1.txt 和 file2.txt 文件。

```
Select ts, dt, line from logs where country='cn';
```

(4)桶:表格和分区都是目录级别的数据拆分,桶是文件级别的数据拆分。使用桶的表格,将数据文件按一定规律拆分成多个文件,每个桶就是表目录(或者分区子目录)里的一个文件。数据的分桶,一般通过 Hash 函数实现。创建表时,用户需要指定桶的数量,以及使用哪个数据列进行分桶操作。

当用户执行一个采样(Sample)查询时,Hive 可以使用分桶信息,有效地裁剪数据(Prune Data)。如有一个数据库表,每个(子)目录下有 32 个桶,可以提取每个目录下的第一个桶文件,生成一个 1/32 数据量的采样。

## ◆ 6.3　Hive 安装、配置和运行

安装 Hive 之前,首先安装 JDK 和 Hadoop,并且停止所有的 Hadoop 服务,包括 HDFS 和 YARN。

因为 Hive 在进行查询处理时,只是做 HQL 到 MapReduce 的转换,并且把元数据存储在 MySQL/Derby 上。所以只需要在主节点安装、配置一个 Hive 即可,因此 Hive 既适

用于单节点部署,也适用于集群部署。

### 6.3.1 使用 MySQL 进行元信息管理

Hive 使用 HDFS 实现数据的存储,而元信息则保存在关系数据库中,包括 Derby、MySQL、Oracle 等。在这里使用 MySQL 存储元信息。

安装 MySQL。

```
yum install mariadb mariadb-server        //询问是否要安装,输入 Y 即可自动安装
```

复制 MySQL 默认配置文件。

```
cp /usr/share/mysql/my-huge.cnf /etc/my.cnf
//复制配置文件,如果/etc 目录下面默认有一个 my.cnf 文件,直接覆盖即可
```

第一次运行 MySQL 要初始化数据库。

```
mysql_secure_installation
//设置 user name root
//设置 password rootroot
//注意,运行 mysql_secure_installation 需要先启动 MariaDB,具体参考下文
```

运行 MySQL。

```
systemctl start mariadb.service          //启动 MariaDB
systemctl stop mariadb.service           //停止 MariaDB
systemctl restart mariadb.service        //重启 MariaDB
systemctl enable mariadb.service         //设置开机启动
```

通过 MySQL 客户端程序连接 MySQL。

```
mysql -uroot -prootroot
//用客户端软件 mysql 连接 MySQL 服务器
//连接成功,表示 MySQL 已经安装好
```

对 MySQL 进行授权。

```
mysql -uroot -prootroot
//运行 MySQL 客户端,执行如下 SQL 命令
show databases;
CREATE USER 'root'@'192.168.31.129' IDENTIFIED BY 'rootroot';

GRANT ALL PRIVILEGES ON metastore_db.* TO 'root'@'192.168.31.129'  WITH GRANT OPTION;
//或者授予更大权限
```

```
GRANT ALL PRIVILEGES ON *.* TO 'root'@'%' IDENTIFIED BY 'rootroot' WITH GRANT
OPTION;

FLUSH PRIVILEGES;
```

从网址 https://downloads.mariadb.org/connector-java/下载 mariadb-java-client-1.3.7.jar 到/opt/linuxsir/hive/lib 目录下。

```
cp /opt/linuxsir/mariadb-java-client-1.3.7.jar /opt/linuxsir/hive/lib
ls /opt/linuxsir/hive/lib/mariadb-java-client-1.3.7.jar
```

### 6.3.2 安装和配置 Hive

从网址 http://www-eu.apache.org/dist/hive/stable-2/下载 Hive，上传到/opt/linuxsir，然后解压并重命名为/opt/linuxsir/hive。

```
cd /opt/linuxsir
tar xzvf apache-hive-2.3.3-bin.tar.gz
ls apache-hive-2.3.3-bin

mv apache-hive-2.3.3-bin /opt/linuxsir/hive
```

创建 hive 数据存储文件夹，修改文件夹权限。

```
mkdir -p /opt/linuxsir/hive/data
chmod a+rwx /opt/linuxsir/hive/data
```

设置 Hive 环境变量。

```
echo "" >> ~/.bashrc
echo "#Hive Variables" >> ~/.bashrc
echo "export HIVE_HOME=/opt/linuxsir/hive" >> ~/.bashrc
echo "export HIVE_CONF_DIR=\$HIVE_HOME/conf" >> ~/.bashrc
echo "export PATH=\$HIVE_HOME/bin:\$PATH" >> ~/.bashrc

echo "export CLASSPATH=\$CLASSPATH:/opt/linuxsir/hive/lib/*" >> ~/.bashrc

cat ~/.bashrc
source ~/.bashrc
```

在 HDFS 上为 Hive 创建目录。

```
cd /opt/linuxsir/hadoop/bin
hdfs dfs -rmr /user/hive
```

```
hdfs dfs -mkdir -p /user/hive/warehouse
hdfs dfs -mkdir -p /user/hive/tmp
hdfs dfs -mkdir -p /user/hive/log

hdfs dfs -chmod a+rwx /user/hive/warehouse
hdfs dfs -chmod a+rwx /user/hive/tmp
hdfs dfs -chmod a+rwx /user/hive/log

hdfs dfs -ls /user/hive
```

创建 Hive 的 logs 目录。

```
mkdir /opt/linuxsir/hive/logs
```

在/opt/linuxsir/hive/conf 目录下，从模板复制并编辑 hive-exec-log4j2.properties 文件。

```
cd /opt/linuxsir/hive/conf
cp hive-exec-log4j2.properties.template hive-exec-log4j2.properties
```

内容修改如下：

```
property.hive.log.dir=/opt/linuxsir/hive/logs
```

在/opt/linuxsir/hive/conf 目录下，从模板复制 hive-log4j2.properties 文件。

```
cd /opt/linuxsir/hive/conf
cp hive-log4j2.properties.template hive-log4j2.properties
```

在/opt/linuxsir/hive/conf 目录下，从模板复制并编辑 hive-env.sh 文件。

```
cd /opt/linuxsir/hive/conf
cp hive-env.sh.template hive-env.sh
```

内容修改如下：

```
export JAVA_HOME=/opt/linuxsir/java/jdk
export HADOOP_HOME=/opt/linuxsir/hadoop
export HIVE_CONF_DIR=/opt/linuxsir/hive/conf
export HIVE_AUX_JARS_PATH=/opt/linuxsir/hive/lib
```

在/opt/linuxsir/hive/conf 目录下，从模板复制并编辑 hive-site.xml 文件。

```
cd /opt/linuxsir/hive/conf
cp hive-default.xml.template hive-site.xml
```

做文件内容的局部修改,具体如下:

```xml
<property>
    <name>javax.jdo.option.ConnectionURL</name>
    <value> jdbc:mysql://hd-master:3306/metastore_db?
createDatabaseIfNotExist=true </value>
</property>

<property>
    <name> javax.jdo.option.ConnectionDriverName </name>
    <value> org.mariadb.jdbc.Driver </value>
</property>

<property>
    <name> javax.jdo.option.ConnectionUserName </name>
    <value>root</value>
</property>

<property>
    <name> javax.jdo.option.ConnectionPassword </name>
    <value>rootroot</value>
</property>

<property>
<name>hive.metastore.warehouse.dir</name>
<value>/user/hive/warehouse</value>
    <!-- <value>hdfs://hd-master:9000/user/hive/warehouse</value> -->
</property>

<property>
<name>hive.exec.scratchdir</name>
<value>/user/hive/tmp</value>
    <!-- <value>hdfs://hd-master:9000/user/hive/tmp</value> -->
</property>

<property>
<name>hive.querylog.location</name>
<value>/user/hive/log</value>
    <!-- <value>hdfs://hd-master:9000/user/hive/log</value> -->
</property>
```

在/opt/linuxsir/hive/conf/hive-site.xml 文件里,进行 hive.metastore.uris 的配置。hive.metastore.uris 的端口设置默认为 9083,把其修改成 19083。

```
<property>
<name> hive.metastore.uris </name>
<value> thrift://192.168.31.129:19083</value>
</property>
```

在 hive-site.xml 文件里查找 ${system：java.io.tmpdir}，并替换成指定文件夹，即 /opt/linuxsir/hive/tmp。需要事先创建 tmp 目录，在终端上运行命令 mkdir /opt/linuxsir/hive/tmp。

```
${system:java.io.tmpdir}替换成/opt/linuxsir/hive/tmp
```

### 6.3.3 启动 Hive

启动 Hive 之前，必须先启动 HDFS 和 YARN。

```
cd /opt/linuxsir/hadoop/sbin
./start-dfs.sh
./start-yarn.sh

jps
ssh root@192.168.31.130 jps
ssh root@192.168.31.131 jps

//如果要结束 hdfs/yarn,用如下命令
cd /opt/linuxsir/hadoop/sbin
./stop-all.sh
```

查看 HDFS 的 /user 目录。

```
cd /opt/linuxsir/hadoop/bin
./hdfs dfs -ls /
./hdfs dfs -ls /user
```

删除 metastore_db。

```
mysql -uroot -prootroot
//启动 MySQL 后，把 metastore_db 删除
drop database metastore_db;
exit;
```

启动 Hive 之前，初始化 MySQL 的 metastore_db 数据库。

```
cd /opt/linuxsir/hive
./bin/schematool -dbType mysql -initSchema
```

//如果出错,对/etc/my.cnf 配置文件进行改动,在 mysqld 一节的末尾加一行 binlog_format=
//mixed,然后重启 MySQL(参考 6.3.1 节),删除 metastore_db 数据库,再运行 schematool

新建数据文件。

```
cd /opt/linuxsir
touch hive-test.txt

echo "1 hadoop" >> hive-test.txt
echo "2 hive" >>hive-test.txt
echo "3 hbase" >>hive-test.txt
echo "4 hello" >>hive-test.txt

cat hive-test.txt
```

启动 Hive Shell。

```
cd $HIVE_HOME/bin
./hive
```

如果已经在/opt/linuxsir/hive/conf/hive-site.xml 里面配置 hive.metastore.uris,那么必须首先启动 Metastore。也就是首先运行 Metastore,再运行 Hive Shell。

```
cd /opt/linuxsir/hive
./bin/hive --service metastore -p 19083&

//如果要停止 Metastore
ps -ef|grep metastore
kill -9 4688                              //4688 是 Metastore 进程号
```

在 Hive Shell 里创建数据库表,进行增加、删除、修改、查询等操作。

```
set hive.execution.engine=mr;

show databases;
create table test(a string, b int);
show tables;
desc test;

CREATE TABLE IF NOT EXISTS words (id INT,word STRING)
ROW FORMAT DELIMITED FIELDS TERMINATED BY " "
LINES TERMINATED BY "\n";
```

```
LOAD DATA LOCAL INPATH '/opt/linuxsir/hive-test.txt' OVERWRITE INTO TABLE
words;
select * from words;

insert into words values(5,'nihao');
select * from words;

select * from words order by id;
select id, count(*) from words group by id order by id;
```

## 6.4 若干问题解决

**1. 在 Hive CLI 界面用 HQL 插入数据 I/O 时出错**

提示"FAILED：Execution Error，return code -101 from org.apache.hadoop.hive.ql.exec.mr.MapRedTask."。

查看 hd-master 下 yarn-root-resourcemanager-hd-master.log，有提示 Invalid resource request，requested memory < 0, or requested memory > max configured，requestedMemory=1280，maxMemory=512。

修改/opt/linuxsir/Hadoop/etc/hadoop/yarn-site.xml 文件。

```xml
<property>
<name>yarn.nodemanager.resource.memory-mb</name>
    <value>2048</value>
</property>

<property>
    <name>yarn.scheduler.maximum-allocation-mb</name>
    <value>2048</value>
</property>
```

修改 HDFS 上/user/hive 目录的权限。

```
cd /opt/linuxsir/hadoop/bin
./hdfs dfs -chmod a+rwx /user/hive
```

按顺序停止 Hive Shell、YARN、HDFS，用 scp 命令把 yarn-site.xml 复制到 hd-slave1 和 hd-slave2，然后再按顺序启动 HDFS、YARN、Hive Shell，再试一试。

**2. Hive CLI 界面由于 HDFS 在安全模式无法启动**

解决办法：退出 Hive Shell，执行如下命令，再启动 Hive Shell。

```
cd /opt/linuxsir/hadoop/bin
hdfs dfsadmin -safemode leave
```

### 3. Hive 执行 insert 和 group by 出错

提示 FAILED：Execution Error，return code -101 from org.apache.hadoop.hive.ql.exec.mr.MapRedTask. org.apache.hadoop.mapreduce.v2.util.MRApps.addLog4jSystemProperties（Lorg/apache/hadoop/mapred/Task；Ljava/util/List；Lorg/apache/hadoop/conf/Configuration；）V。

在 hive/conf/ hive-log4j.properties 文件中进行 Hive 日志配置，具体如下：

```
hive.root.logger=WARN,DRFA
hive.log.dir=/tmp/${user.name}    #默认的存储位置，可以改成/opt/linuxsir/hive/logs
hive.log.file=hive.log             #默认的文件名
```

出错后，可以查看/opt/linuxsir/hive/logs/hive.log 文件，了解出错信息。

这个问题的解决办法如下：

```
cd /opt/linuxsir/hadoop/share/hadoop/mapreduce
cp hadoop-mapreduce-client-*.jar /opt/linuxsir/hive/lib
```

### 4. HDFS 有坏块

访问网址 http://hd-master：50070/dfshealth.html#tab-overview 得到如下信息：

```
Diagnostics: org.apache.hadoop.hdfs.BlockMissingException
There are 6 missing blocks. The following files may be corrupted:

blk_1073742055 /user/root/.hiveJars/hive-exec-2.1.1-
5f4a7e952d29bb8013edd30bbc39476ec56bc381b96b0530a6b2fbbf28e309d3.jar
blk_1073745585 /apps/tez.tar.gz
blk_1073756690 /tmp/hadoop-yarn/staging/root/.staging/job_1519795952327_
0001/job.jar
blk_1073756691 /tmp/hadoop-yarn/staging/root/.staging/job_1519795952327_
0001/job.split
blk_1073756692 /tmp/hadoop-yarn/staging/root/.staging/job_1519795952327_
0001/job.splitmetainfo
blk_1073756693 /tmp/hadoop-yarn/staging/root/.staging/job_1519795952327_
0001/job.xml
```

退出 Hive Shell，通过删除和重新创建 Hive 在 HDFS 的目录，再启动 Hive Shell。

```
cd /opt/linuxsir/hadoop/bin                    //删除目录
./hdfs dfs -rmr /tmp

cd /opt/linuxsir/hadoop/bin                    //删除目录
./hdfs dfs -rmr /user/root

./hdfs dfs -rmr /user/hive/warehouse           //删除目录
./hdfs dfs -rmr /user/hive/tmp
./hdfs dfs -rmr /user/hive/log

hdfs dfs -mkdir -p /user/hive/warehouse        //创建目录
hdfs dfs -mkdir -p /user/hive/tmp
hdfs dfs -mkdir -p /user/hive/log

hdfs dfs -chmod a+rwx /user/hive/warehouse     //授权
hdfs dfs -chmod a+rwx /user/hive/tmp
hdfs dfs -chmod a+rwx /user/hive/log

./hdfs dfs -ls /user/hive
```

如果 HDFS 有问题，可以参考 4.5 节，重新格式化 HDFS。

## ◆ 6.5 hiveserver2 与 beeline

启动 hiveserver2（JDBC Server），然后使用 beeline（JDBC Client）连接 hiveserver2 对数据进行操作。具体步骤如下：

启动 hiveserver2 之前，需要先启动 HDFS 和 YARN。

```
//启动 HDFS 和 YARN
cd /opt/linuxsir/hadoop/sbin
./start-dfs.sh
./start-yarn.sh

jps                                            //查看进程是否已经正常启动
ssh root@192.168.31.130 jps
ssh root@192.168.31.131 jps
```

启动 Metastore。有多种方法启动 Metastore。

```
cd /opt/linuxsir/hive
//启动 Metastore
./bin/hive --service metastore -p 19083 &
```

```
//等待 Metastore 启动
netstat -ntlp|grep 19083

//或后台启动 Metastore
./bin/hive --service metastore -p 19083 2>&1 >> /opt/linuxsir/hive/logs/
metastore.log &
//或后台启动 Metastore,关闭 Terminal 连接,Metastore 进程依然存在
nohup bin/hive --service metastore -p 19083 2>&1 >> /opt/linuxsir/hive/logs/
metastore.log &
```

启动 hiveserver2。使用 netstat -ntlp|grep 10011 命令,检查 hiveserver2 是否已经启动,并且绑定到 10011 端口。

```
cd /opt/linuxsir/hive
// hiveserver2 默认端口为 10000,这里改为 10011
./bin/hive --service hiveserver2 --hiveconf hive.server2.thrift.port=10011&

// 等待 hiveserver2 启动
netstat -ntlp|grep 10011
```

如果 beeline 和 hiveserver2 在一个机器上。用如下方法,启动 beeline。

```
cd /opt/linuxsir/hive
./bin/beeline
//或者./bin/beeline -u jdbc:hive2://192.168.31.129:10011 -n root  -p rootroot
```

在 beeline 提示符下执行如下命令。

```
!connect jdbc:hive2://
//用户名密码为 root/rootroot

//在 beeline 提示符下,执行 HQL 语句
select * from words;
select * from words order by id;
!quit
```

如果需要从另一台机器启动 beeline,访问 hiveserver2,用如下方法。

```
cd /opt/linuxsir/hive
./bin/beeline

//在 beeline 提示符下执行如下命令
!connect jdbc:hive2://192.168.31.129:10011
```

```
//用户名密码为 root/rootroot

//在 beeline 提示符下,执行 HQL 语句
select * from words;
select * from words order by id;
select id, count(*) from words group by id order by id;
!quit
```

停止 Metastore 和 hiveserver2,可以使用如下命令:

```
//停止 Metastore,用如下命令
netstat -ntlp |grep 19083
kill -9 4688                        //4688 是 Metastore 进程号

//停止 hiveserver2,用如下命令
netstat -ntlp|grep 10011
kill -9 11745                       //11745 是 hiveserver2 进程号
```

如果提示 User:root is not allowed to impersonate root(state=,code=0),解决办法如下。

编辑/opt/linuxsir/hadoop/etc/hadoop/core-site.xml,增加如下内容。

```xml
<!-- 用户 root 可以代理所有主机上的所有用户-->
    <property>
        <name>hadoop.proxyuser.root.hosts</name>
        <value>*</value>
    </property>

    <property>
        <name>hadoop.proxyuser.root.groups</name>
        <value>*</value>
    </property>
```

(1) 退出 beeline,按顺序停止 hiveserver2、Metastore、YARN、HDFS。
(2) 然后把 core-site.xml 同步复制到 hd-slave1、hd-slave2 两个节点。

```
scp /opt/linuxsir/hadoop/etc/hadoop/core-site.xml root@192.168.31.130:/opt/
linuxsir/hadoop/etc/hadoop
scp /opt/linuxsir/hadoop/etc/hadoop/core-site.xml root@192.168.31.131:/opt/
linuxsir/hadoop/etc/hadoop
```

(3) 再按顺序启动 HDFS、YARN、Metastore、hiveserver2,通过 beeline 连接 hiveserver2 进行实验。

## 6.6 Hive 安装问题

**1. Hive 启动出错**

将 hive-site.xml 中的 ${system:java.io.tmpdir} 替换成/opt/linuxsir/hive/tmp。
将 hive-site.xml 中的 ${system:user.name} 替换成 ${user.name}。

**2. Hive JDBCClient 的安全认证出问题**

修改/opt/linuxsir/hive/conf/hive-site.xml 具体如下:

```
<property>
    <name>hive.server2.authentication</name>
    <value>NONE</value>
</property>

<property>
    <name>hive.server2.thrift.client.user</name>
    <value>root</value>
    <description>Username to use against thrift client</description>
</property>

<property>
    <name>hive.server2.thrift.client.password</name>
    <value>rootroot</value>
    <description>Password to use against thrift client</description>
</property>
```

需要注意的是,每次更新配置文件,需要按照如下步骤关闭软件、复制配置文件、重新启动软件并进行实验。

(1) 停止服务进程,如按顺序停止 hiveserver2、Metastore、YARN、HDFS。
(2) 在 hd-master 节点上修改配置文件,把配置文件复制到 hd-slave1 和 hd-slave2 节点。HDFS 和 YARN 是多点部署的,所以需要进行配置文件的传播,而 Hive 是单点部署的,所以不需要这个操作。
(3) 重新启动服务进程,例如,按顺序启动 HDFS、YARN、Metastore、hiveserver2 再做实验;通过 beeline 连接 hiveserver2 进行查询。

不难发现,停止服务的顺序和启动服务的顺序正好相反,符合进程间的依赖关系。

## 6.7 HWI 服务

HWI 是 Hive Web Interface 的缩写,是 Hive 的 Web 管理界面。HWI 的配置请参考文献[2]。启动 HWI 服务的命令如下:

```
cd /opt/linuxsir/hive
bin/hive -service hwi &

//等待 HWI 启动
netstat -ntlp|grep 9999
```

## 6.8 Metastore 服务

元数据包含用 Hive 创建的 Database、Table 等元信息。元数据存储在关系数据库中，如 Derby、MySQL 等。

Metastore 的作用：客户端连接 Metastore 服务，Metastore 再连接 MySQL 数据库以存储元数据。有了 Metastore 服务，就可以支持多个客户端同时连接，而且这些客户端不需要知道 MySQL 数据库的用户名和密码，只需要连接 Metastore 服务即可。

远程元数据存储需要单独启动 Metastore 服务，然后每个客户端都在配置文件里配置连接到该 Metastore 服务。远程元数据存储的 Metastore 服务和 Hive 运行在不同的进程里。

远程模式下，原内嵌于 Hive 服务的 Metastore 服务独立出来单独运行，Hive 服务通过 Thrift 协议访问 Metastore，这种模式可以控制到数据库的连接等。

至此，Hive 和 Hadoop 的进程及其调用关系如图 6-3 所示。

| | | | | |
|---|---|---|---|---|
| Hive 层 | ① 用户通过 beeline 运行 HQL、连接 hiveserver2，hiveserver2 通过 Metastore 组件查询 MySQL 获得元信息，HiveServer 调用 YARN 执行 MapReduce 作业；② 用户也可以直接使用 Hive CLI 命令行工具运行 HQL，Hive CLI 命令行工具通过 Metastore 组件查询 MySQL 获得元信息，并且调用 YARN 执行 MapReduce 作业 | | | |
| YARN 层 | ResourceManager | NodeManager | NodeManager | … |
| HDFS 层 | NameNode<br>Secondary NameNode | DataNode | DataNode | … |
| Hardware 各个节点 | hd-master 节点<br>192.168.31.129 | hd-slave1 节点<br>192.168.31.130 | hd-slave2 节点<br>192.168.31.131 | … |

图 6-3 Hive 和 Hadoop 的进程及其调用关系

## 6.9 Hive 的 Java 开发

在 Java 程序里存取 Hive 数据库，与编写普通的 JDBC 程序相同。但是需要注意的是，Hive 提供了 hiveserver1 和 hiveserver2 两个 Thrift Server 版本，两个版本在编写客户端 Java 程序方面有两点不同，即 driverName 和 JDBC URL 的写法不同。

```
//驱动程序类名
//如果使用 hiveserver1
private static String driverName = "org.apache.hadoop.hive.jdbc.HiveDriver";
//如果使用 hiveserver2
private static String driverName = "org.apache.hive.jdbc.HiveDriver";

//连接数据库的 URL
//如果使用 hiveserver1
Connection con = DriverManager.getConnection("jdbc:hive://192.168.31.129:
10011/default", "root", "rootroot");
//如果使用 hiveserver2
Connection con = DriverManager.getConnection("jdbc:hive2://192.168.31.129:
10011/default", "root", "rootroot");
```

一般使用 hiveserver2。下面给出一个简单的 Java 程序，并对其进行分析。

完整的 Java 代码如下。这个实例首先建立到 hiveserver2（即 Hive Thrift Server）的连接，然后执行 HQL，并显示查询结果。

```java
package com.pai.mvndemo;

import java.sql.Connection;
import java.sql.DriverManager;
import java.sql.ResultSet;
import java.sql.SQLException;
import java.sql.Statement;
public class App {
    public static void main(String[] args) throws SQLException {
        Connection conn;
        Statement stmt;
        ResultSet res;
        String sql;

        try {
            String driverName = "org.apache.hive.jdbc.HiveDriver";
            Class.forName(driverName);
            Connection con = null;
            //默认端口为 10011,根据实际情况修改
            //用户名为 root,密码为 rootroot
            con = DriverManager.getConnection("jdbc:hive2://192.168.31.129:
10011/default", "root", "rootroot");
            stmt = con.createStatement();
            res = null;
```

```java
            sql = "SELECT * FROM words";

            System.out.println("Running" + sql);
            res = stmt.executeQuery(sql);
            while (res.next()) {
                System.out.println("id: " + res.getInt(1) + "\tword: " + res.getString(2));
            }

        } catch (Exception e) {
            e.printStackTrace();
            System.out.println("error");
        }
    }
}
```

如果用 Maven 进行 Java 编程,利用 pom.xml 文件就可以很方便地进行项目依赖的设置,用户无须为项目导入 jar 包。pom.xml 文件的具体内容如下:

```xml
<project xmlns="http://maven.apache.org/POM/4.0.0"
    xmlns:xsi="http://www.w3.org/2001/XMLSchema-instance"
    xsi:schemaLocation=" http://maven.apache.org/POM/4.0.0 http://maven.apache.org/xsd/maven-4.0.0.xsd">
    <modelVersion>4.0.0</modelVersion>

    <groupId>com.pai</groupId>
    <artifactId>mvndemo</artifactId>
    <version>0.0.1-SNAPSHOT</version>
    <packaging>jar</packaging>

    <name>mvndemo</name>
    <url>http://maven.apache.org</url>

    <properties>
        <project.build.sourceEncoding>UTF-8</project.build.sourceEncoding>
    </properties>

    <dependencies>
        <dependency>
            <groupId>junit</groupId>
            <artifactId>junit</artifactId>
            <version>3.8.1</version>
```

```xml
        <scope>test</scope>
    </dependency>

    <dependency>
        <groupId>org.apache.hive</groupId>
        <artifactId>hive-jdbc</artifactId>
        <version>1.2.1</version>
    </dependency>

    <dependency>
        <groupId>org.apache.hadoop</groupId>
        <artifactId>hadoop-common</artifactId>
        <version>2.7.3</version>
    </dependency>

    <dependency>
        <groupId>jdk.tools</groupId>
        <artifactId>jdk.tools</artifactId>
        <version>1.8</version>
        <scope>system</scope>
        <systemPath>C:/Program Files/Java/jdk1.8.0_131/lib/tools.jar</systemPath>
    </dependency>

  </dependencies>

</project>
```

关于如何安装 Maven、给 Eclipse 安装和配置 Maven 插件及新建 Maven 项目，可参考 8.4 节。

为了运行和调试该代码，应该在集群上按顺序启动 HDFS、YARN、Hive Metastore 及 hiveserver2。结束后，按顺序停止 hiveserver2、Hive Metastore、YARN、HDFS。

## ◆ 6.10  Tez 简介

Hive on MapReduce 把 SQL 翻译成 MapReduce 作业运行，效率较低。我们可以把执行引擎改为 Tez，提高 Hive 查询性能。

### 6.10.1  Hadoop 2.0 上的交互式查询引擎 Hive on Tez

Apache Hadoop 是对大数据进行批处理的标准工具，相对于传统的基于存储区域网（Storage Area Network，SAN）的集群方案，Hadoop 平台提供了高度的横向扩展能力和更低的系统价格。

近几年来，MapReduce 计算模型作为 Hadoop 的处理引擎，提供了对大数据进行处理的现实选择。MapReduce 的主要目标是对大数据进行批处理。但是，目前人们需要在大数据上实现交互式查询，这是面向批处理的 MapReduce 计算模型所不能支持的。此外，Hadoop 1.0 的 MapReduce 计算模型对于涉及迭代处理（Iterative Processing）的机器学习算法也不是一个合适的计算模型。

主要原因是，每个迭代都作为一个 MapReduce 作业实现，这个作业从 HDFS 读取数据，并且把中间结果写入 HDFS。这种执行模式造成很大的延迟。

为了解决 Hadoop 的 MapReduce 计算模型执行过程中的延迟问题，HORTONWORKS 公司提出了 Tez，作为 Apache 培育项目（Incubator Project）。Tez 项目的目标是建立一个执行框架，支持大数据以有向无环图（Directed Acyclic Graph，DAG）表达的作业处理。Tez 是 Hadoop 2.0 平台上可扩展的、高效的执行引擎。Hive、Pig 或者 Cascading 作业，通过 Tez 引擎可以运行得更快。

Hadoop 2.0 的提出，使在 Hadoop 平台上执行用 DAG 表达的作业成为可能。YARN 把 MapReduce 数据处理模型和资源管理功能分开，而在 Hadoop 1.0 中这两部分是结合在一起的。

在 YARN 上可以运行多个数据处理模型，除了支持交互式处理的 Tez，还有支持实时流数据处理的 Storm、支持图数据处理的 Giraph 等，如图 6-4 所示。

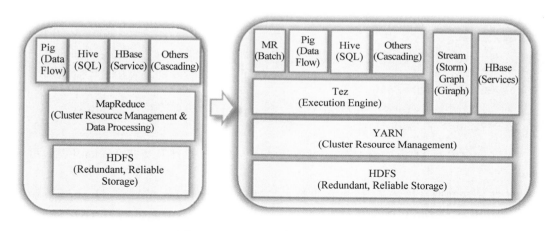

图 6-4　Hadoop 2.0 支持多种计算模型

这些数据处理模型，对保存在 HDFS 中的数据，以不同的方式进行处理。YARN 提供了通用的资源管理框架，MapReduce 则成为 Hadoop 集群的一种应用模型，对数据进行批处理。

Tez 处在 YARN 和 MapReduce/Hive/Pig 之间，它提供一种通用的数据处理模型，可以执行使用 DAG 连接起来的任务所表达的作业。Hadoop 生态系统中的 Hive、Pig、Cascading 等工具都运行在 Tez 之上。利用 Tez 的高性能数据处理能力，这些工具能够在拍字节（PB）级数据上，提供交互式的查询响应时间。

## 6.10.2 把数据处理逻辑建模成一个 DAG 连接起来的任务

DAG 定义一个数据处理应用程序的数据处理流程。其中,DAG 的顶点表示数据处理任务,它反映了一定的业务逻辑(Business Logic),即如何对数据进行转换和分析;DAG 的边表示数据在不同顶点间的传递。

Tez 把每个顶点建模成 Input、Processor 和 Output 模块的组合。Input 和 Output 模块决定了数据的格式,以及数据应该从哪里读、写入哪里去等。Input 代表一个顶点的输入来源(或者管道)。通过 Input,Processor 可以从 HDFS 或者另一个 DAG 顶点的输出获得输入数据。Output 则代表一个顶点输出的去向(管道)。通过 Output,Processor 可以为另一个 DAG 顶点传输数据,或者把生成的数据保存到 HDFS 中。Processor 则包装了数据转换和处理的逻辑,它从一个或者多个 Input 消费数据,进行相关处理,然后产生多个 Output。用户把不同的 Input、Processor、Output 模块组合成顶点。在此之上,创建 DAG 数据处理工作流,执行特定数据处理逻辑。

一个 DAG 对应一个数据处理流程,Tez 则自动把 DAG 映射到物理资源,在 Hadoop 平台上,并行执行这些业务逻辑。Tez 运行时把 DAG 的逻辑表示扩展成物理表示,并为每个顶点增加并行性,即使用多个任务并行执行该顶点的计算任务。DAG 的每条边也同步物化为这些不同顶点的任务间的实际连接。

Pig 和 Hive 把查询进行转换后生成一个 DAG。这些 DAG 交给 Tez 执行,Tez 成为 Pig 和 Hive 公用的底层执行引擎。

关于 Tez 的安装、配置和运行,读者可参考官方文档。目前,Spark SQL(另一个 SQL on Hadoop 系统)在性能上优于 Tez,并且社区活跃,形成了对 Tez 的替代。

## 6.11 Hadoop 平台上的列存储技术

### 6.11.1 列存储的优势

在分析型应用中,列存储技术具有 3 个明显的优势。

(1) 更少的 I/O 操作:读取数据时,可以把投影下推(Project Pushdown),只需读取查询需要的列,可以大大减少每次查询的 I/O 数据量。甚至可以支持谓词下推(Predicate Pushdown),跳过不满足条件的数据行。通过减少不必要的数据扫描,提高查询性能。

(2) 更高的压缩比:每列中数据的类型相同,由于相同类型的数据连续存放,因此可以使用针对性的编码和压缩方法对数据进行压缩,大大降低数据存储空间。

(3) 由于每列的数据类型相同,可以使用更加适合 CPU 流水线的编码方式,减少 CPU 的缓存失效(Cache Miss)。

Hadoop 生态圈涌现出一系列列存储格式,包括 RCFile、ORC、Parquet 等。本书介绍 Parquet 列存储格式。

### 6.11.2 Parquet 列存储格式

Parquet 是 Hadoop 平台上的一种列存储格式。Parquet 的灵感来自 2010 年 Google

公司发表的关于 Dremel 系统的论文。该论文介绍了一种支持嵌套结构的列存储格式，以提升查询性能。它为 Hadoop 生态系统中的所有项目提供支持高压缩率的列存储格式。Parquet 兼容各种数据处理框架、对象模型，支持各种查询引擎（Hive、Impala、Presto 等），并且与编程语言无关。

Parquet 最初由 Twitter 和 Cloudera（Impala 的开发者）公司合作开发完成，然后开源。2015 年 5 月，Parquet 从 Apache 的孵化器里孵化完成，成为 Apache 顶级项目。

### 1. Parquet 数据模型

为了深入理解 Parquet 列存储格式的数据模型，通过如下数据模式（Schema）进行说明。

```
message AddressBook
{
    required string owner;
    repeated string ownerPhoneNumbers;
    repeated group contacts
    {
        required string name;
        optional string phoneNumber;
    }
}
```

这个数据模式中的每条记录表示一个人的地址簿信息（AddressBook）。每条记录有且只有 1 个拥有者（owner），可以有 0 个或者多个电话号码（ownerPhoneNumbers），以及 0 个或者多个联系信息（contacts）。每个 contact 有且只有 1 个名称（name），有 0 个或者 1 个电话号码（phoneNumber）。AddressBook 模式信息可以组织成一棵树，如图 6-5 所示。

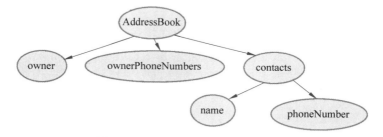

图 6-5　AddressBook 对应的数据模式

一般，一个数据模式用一棵树来表达，这棵树有一个根节点，根节点包含多个域（Field），即子节点，子节点还可以包含子节点。每个域包含 3 个属性，分别是 repetition、type 和 name。repetition 描述一个域出现的次数，包括 required（必须出现 1 次）、optional（出现 0 次或者 1 次）、repeated（出现 0 次或者多次）3 种情况。type 可以是一个原生类型（Primitive）或者一个衍生类型（Group）。

Parquet 通过把 List（或 Set）表示成一个重复的域（Repeated Field），把 Map 表示成

一个包含键-值对的 Repeated Group(Key 是必需的),提供对复杂数据结构的支持,如图 6-6 和图 6-7 所示。

```
Schema: List of Strings              Data:{ "a", "b", "c",…}
message ExampleList                  {
{ repeated string list;                  list: "a",
}                                        list: "b",
                                         list: "c",
                                         …
                                     }
```

图 6-6　List(或 Set)可以用 Repeated Field 表示

```
Schema: Map of Strings to Strings    Data:{ "AL"-->"Alabama",…}
message ExampleMap                   {
{repeated group map                      map{key: "AL"
  {required string key;                       value: "Alabama"
   optional string value;                 },
  }                                      map{ key: "AK"
}                                             value: "Alaska"
                                         },
                                         …
                                     }
```

图 6-7　Map 可以用包含键-值对的 Repeated Group 表示

如何把内存中的每个 AddressBook 对象,按照列存储格式保存到硬盘文件中?在 Parquet 格式的存储中,一个数据模式的树结构有多少个叶节点,实际的存储中就会有多少列(Column)。因此,上述实例中的 AddressBook 数据模式在存储上共有 4 列,如图 6-8 所示。

| Column | Type |
|---|---|
| owner | string |
| ownerPhoneNumbers | string |
| contacts.name | string |
| contacts.phoneNumber | string |

| AddressBook | | | |
|---|---|---|---|
| owner | ownerPhoneNumbers | contacts | |
| | | name | phoneNumber |
| … | … | … | … |
| … | … | … | … |
| … | … | … | … |

图 6-8　AddressBook 实际存储的列

### 2. Parquet 文件结构

Parquet 文件结构涉及如下 5 个重要的层次,如图 6-9 所示,这是一种自描述的文件结构。

(1) HDFS 文件(File):一个 HDFS 文件,包括数据和元数据。数据存储在多个数据块中。

(2) HDFS 数据块(Block):它是 HDFS 上最小的存储单位。HDFS 把一个数据块

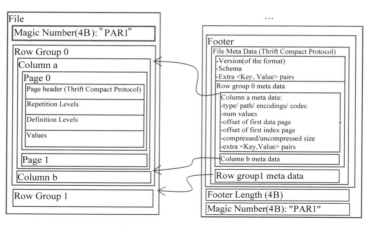

图 6-9　Parquet 文件结构

保存到本地磁盘，并且在不同的机器上，维护另两个副本。通常情况下，一个数据块的大小为 256MB、512MB 等。

（3）行组（Row Group）：按照行将数据（表格）物理上划分为多个组。每个行组包含一定的行数。一个行组包含该行组数据的各个列对应的列块。一般建议采用更大的行组大小（512MB～1GB）。更大的行组意味着更大的列块，有利于在硬盘上进行串行 I/O。

由于一次可能需要读取整个行组，所以一般让一个行组刚好在一个 HDFS 数据块中，因此 HDFS 数据块的大小需要设得更大。例如，采用 1GB 的 HDFS 数据块大小，一个 HDFS 数据块放一个行组。

（4）列块（Column Chunk）：在一个行组中，每列保存在一个列块中。行组中的所有列连续地存储在这个行组中。不同的列块，可以使用不同的算法进行压缩。一个列块由多个页组成。

（5）页（Page）：每个列块划分为多个页，页是压缩和编码的单元。在同一个列块内的不同页可以使用不同的编码方式。典型的页面大小为 1MB（编码后）。

### 3. 数据压缩算法

列存储给数据压缩提供了更大的发挥空间。除了常见的 Snappy、GZIP 等通用压缩方法以外，由于同一列的数据类型是一致的，不同列可以使用不同的压缩算法，如表 6-1 所示。

表 6-1　不同压缩算法及其应用场景

| 压缩算法 | 使用场景 |
| --- | --- |
| 行程编码（Run Length Encoding） | 重复数据 |
| Delta 编码（Delta Encoding） | 有序数据集，如 Timestamp、自动生成的 ID，以及监控的各种指标（Metric） |
| 字典编码（Dictionary Encoding） | 小规模的数据集合，如 IP 地址 |
| 前缀编码（Prefix Encoding） | 字符串的 Delta Encoding |

## 4. 谓词下推

在数据库系统中，谓词下推是最常用的查询优化手段之一。通过将一些过滤条件尽可能早地执行，可以减少查询计划后续需要处理的数据量，从而提升性能。

例如，对于如下的 SQL 查询：

```
Select Count(*)
From A Join B On A.id = B.id
Where A.a >10 And B.b < 100
```

如果首先对 A 表和 B 表执行 Table Scan 操作，然后进行 Join 操作，再执行过滤，最后计算聚集函数返回，效率不高。

但是，如果把过滤条件 A.a > 10 和 B.b < 100 分别移动到 A 表的 Table Scan 和 B 表的 Table Scan 时执行，尽快选出符合条件的记录，就可以大大降低 Join 操作的输入数据，加快 Join 操作，并且提高整个查询的效率。

在 Parquet 列存储格式中，每个列块在存储时都计算并保存相应的统计信息，包括最大值、最小值和空值的个数，这些信息可以加快查询处理。我们可以针对查询字段对数据进行排序，然后以 Parquet 格式保存，利用 Parquet 为每个列块保存的最大值（max）或最小值（min）统计信息，把不符合查询条件的列块忽略，不用装载和处理。

## 5. 投影下推

列存储格式的另外一个优势是投影下推。在获取表中的数据时，只需要扫描查询中需要的列。由于避免了不必要的数据列的提取，查询效率得到提高。

## 6. Parquet 的性能

图 6-10 展示了 Criteo 公司在 Hive 数据仓库中，使用 ORC 和 Parquet 两种列存储格式，执行 TPC-DS 基准测试的结果。

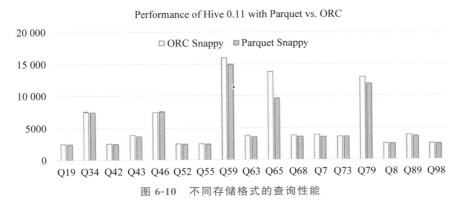

图 6-10 不同存储格式的查询性能

在这个实验中，TPC-DS 数据集的缩放因子（Scale Factor）为 100。相对于文本文件，

ORC Snappy 把文件压缩到原来文件大小的 35%，Parquet Snappy 把文件压缩到原来文件大小的 33%。所有作业的 Mapper 数量设置为 50。每个节点的配置：2×6 核 CPU，96GB 内存，14×3TB 硬盘。

从测试结果可以看出，在数据存储方面，两种存储格式在使用 Snappy 压缩的情况下，占用的空间相差并不大，在查询性能上 Parquet 列存储格式稍好于 ORC 列存储格式。

Parquet 列存储格式和 ORC 列存储格式各有优缺点。Parquet 列存储格式原生地支持嵌套式数据结构，而 ORC 列存储格式对此支持得较差。Parquet 列存储格式不支持数据的修改和 ACID[①] 事务语义，但是 ORC 列存储格式对此提供支持。注意，在 OLAP 环境下，很少会对单条数据进行修改，更多的是对数据进行批量导入。

如何在 Hive 里使用 Parquet 列存储文件，可以参考文献[4]。在 9.2 节 Spark SQL 系统的实验部分将介绍如何使用 Parquet 列存储格式。

## 6.12 思 考 题

1. Hive on MapReduce 和 Hive on Tez 的区别是什么？
2. 简述 Parquet 列存储格式。

## 参 考 文 献

[1] HotGaoGao. Hive2.2.0＋Tez0.8.4 出现 NoSuchMethodError 问题的解决办法[EB/OL]. (2016-08-12)[2021-10-15]. https://my.oschina.net/whulyx/blog/731926.

[2] Confluence. Hive Web Interface[EB/OL]. (2017-02-12)[2021-10-15]. http://hive.praveendeshmane.co.in/hive/hive-web-interface-hwi.jsp.

[3] Julien Le Dem，Nong Li nong. Parquet[EB/OL]. (2013-10-28)[2021-10-15]. https://pdfslide.net/technology/parquet-stratahadoop-world-new-york-2013.html.

[4] John Russell. How-to: Use Parquet with Impala，Hive，Pig, and MapReduce[EB/OL]. (2014-08-09)[2021-10-15]. https://sungsoo.github.io/2014/08/09/parquet-with-impala-hive-pig-and-mapreduce.html.

[5] Varun. 7 Steps to Install Apache Hive with Hadoop on CentOS[EB/OL]. (2015-10-29)[2021-10-10]. http://backtobazics.com/big-data/hadoop/7-steps-to-install-apache-hive-with-hadoop-on-centos/.

[6] HQL 参考[EB/OL]. (2015-08-03)[2021-09-20]. https://cwiki.apache.org/confluence/display/Hive/GettingStarted.

[7] Yirenboy. Hadoop 入门进阶课程 8：Hive 介绍和安装部署[EB/OL]. (2015-08-03)[2021-09-20]. http://blog.csdn.net/yirenboy/article/details/46894257.

---

① ACID 是数据库事务正确执行的 4 个基本要素的缩写，即原子性(Atomicity)、一致性(Consistency)、隔离性(Isolation)、持久性(Durability)。

# 第 7 章 Spark 及其生态系统

本章介绍 Spark 及其生态系统，包括 Spark 大数据处理系统的主要组成部分以及相关工具。具体包括弹性分布式数据集（Resilient Distributed Datasets，RDD），RDD 处理过程中的宽依赖和窄依赖，DAG 及其调度过程。最后介绍 Spark 的应用案例。

## 7.1 Spark 简介

Spark 是一个开源的大数据处理框架，它与 Hadoop 并驾齐驱，是当前主流的大数据处理框架之一。Spark 于 2009 年由 UC Berkeley 的 AMP 实验室开发，并且在 2010 年开源，成为一个 Apache 项目。

Spark 是一个速度快、易用、通用的集群计算系统，能够与 Hadoop 生态系统和数据源良好兼容。目前，很多机构和组织已经在大规模集群上（上千节点）运行 Spark，对它们的数据进行分析。根据 Spark FAQ（Frequently Asked Questions），到目前为止，实际部署的最大的集群达到 8000 个节点。Spark 平台的大部分用 Scala 编写，有一小部分用 Java 编写。

用户可以使用 Shell 程序，交互式地对数据进行查询。除了简单的 Map 和 Reduce 操作，Spark 本身提供了超过 80 个数据处理的原语操作（Primitive Operator），方便用户编写数据处理程序。Spark 提供了 Scala、Java 及 Python 语言的 API。用户可以使用这些操作接口，完成 SQL 查询、流数据处理、机器学习及图数据处理，还可以在一个工作流（Workflow）中整合这些功能。

### 7.1.1 Spark 软件架构

Spark 软件架构包含 4 个主要部分，分别是 Spark 的核心组件和相关组件（Base）、数据存储（Data Storage）、应用程序接口（API）和资源管理框架（Management Framework）。其中，Spark 的核心组件和相关组件，包括 Spark Core，以及 Spark Streaming、Spark SQL、Spark GraphX、Spark MLlib 等，如图 7-1 所示。

在数据存储方面，Spark 一般使用 HDFS 存储数据。它支持 HBase、Cassandra 等数据源。Spark 的应用程序接口包括 Scala API、Java API 及

Python API,使得开发人员可以使用 Scala、Java 及 Python 语言进行编程。在资源管理框架方面,Spark 可以独立部署(Standalone),也可以部署到 YARN 或者 Mesos 等资源管理框架上。

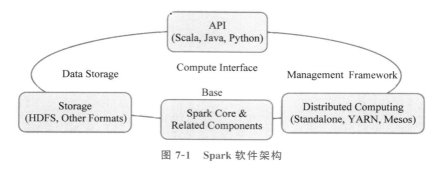

图 7-1 Spark 软件架构

### 7.1.2 Spark 的主要优势

相对于 Hadoop 系统,Spark 的主要优势如下。

(1) 数据类型与计算的表达能力:Spark 可以管理各种类型(Variety)的数据集,包括文本数据、图数据等。它是一个通用的计算平台,支持以 DAG 形式表达的复杂计算,支持批处理、流数据处理、图数据处理、机器学习等众多应用场景。

(2) 数据处理速度:Spark 基于内存计算技术进行数据处理,可以快速处理各种类型的数据集,降低处理延迟。

当数据完全驻留于内存时,Spark 的数据处理速度达到 Hadoop 系统的几十到上百倍。当数据保存在磁盘上时,需要从磁盘装载数据以后才能进行处理,它的处理速度能够达到 Hadoop 系统的 10 倍左右。注意,Spark 不能完全替代 Hadoop,它运行在 Hadoop(HDFS)之上。

Spark 是目前为止在 PB 级数据排序方面最快的开源引擎,具体情况如下。

2014 年,Spark 赢得了 Daytona Gray Sort 比赛。Databricks 公司(对 Spark 进行商业化的公司)的研究人员,在 206 台 EC2 虚拟机上,用 23min 完成了 100TB 数据的排序。之前,Hadoop(MapReduce)创造的 100TB 数据的排序记录是使用了 2100 台机器,并且耗费了 72min 完成的。排序是在磁盘数据上进行的(HDFS),没有使用内存高速缓冲存储器(Cache)。这个结果显示,Spark 能够使用更少的硬件资源(少 9/10),对数据进行更快(快 3 倍)的排序。赢得这个比赛,是 Spark 发展的重要里程碑。

此外,虽然没有 PB 级别的比赛,但是 Databricks 公司接着进行了 PB 级(10 Trillion 记录)数据的排序实验。在 190 台机器上,耗费了 4h 完成排序。这个时间,比之前 Hadoop(MapReduce)的结果(在 3800 台机器上,耗费 16h 完成排序)快了 4 倍。表 7-1 给出了排序实验的参数设置及性能指标,并且和之前 Hadoop(MapReduce)的结果进行了比较。

表 7-1  Hadoop 和 Spark 数据排序结果的比较（数据来源：Databricks）

| | Hadoop(MapReduce) | | Spark |
|---|---|---|---|
| Data Size/TB | 102.5 | 100 | 1000 |
| Elapsed Time/min | 72 | 23 | 234 |
| ♯ Nodes | 2100 | 206 | 190 |
| ♯ Cores | 50400 physical nodes | 6592 virtualized nodes | 6080 virtualized nodes |
| Cluster disk throughput/(GB·$s^{-1}$) | 3150(est.) | 618 | 570 |
| Sort Benchmark Daytona Rules | Yes | Yes | No |
| Network | dedicated data center, 10Gb/s | virtualized（EC2）10Gb/s network | virtualized（EC2）10Gb/s network |
| Sort rate/(TB·$min^{-1}$) | 1.42 | 4.27 | 4.27 |
| Sort rate/node/(GB·$min^{-1}$) | 0.67 | 20.7 | 22.5 |

　　Spark 开源社区从各方面持续改进 Spark，包括其扩展性、可靠性及性能等。PB 级排序结果显示，Spark 已经能够超越整个集群所有内存的限制，处理磁盘数据，对更大的数据集进行处理。

　　需要注意的是，并不是所有的数据处理任务都能够达到这样的加速比。随着 Hadoop 新版本的推出（YARN）及新的查询处理引擎（如 Tez）的实现，Hadoop 和 Spark 的差距正在缩小。

## ◆ 7.2  Hadoop 的局限和 Spark 的诞生

　　Hadoop 作为大数据处理的有效工具，已经存在了 10 年，并且从 1.0 版本，发展到了 2.0 版本以及 3.0 版本。传统的 Hadoop 平台使用 MapReduce 计算模型对数据进行处理。对于只需要一遍扫描计算（One Pass Computation）的任务，MapReduce 计算模型非常有效。但是某些任务需要对数据进行多遍扫描计算（Multi Pass Computation），这时 MapReduce 计算模型的效率就大大降低。

　　在 Hadoop(MapReduce)平台上，数据处理流程分为 Map 阶段和 Reduce 阶段，人们需要把所有计算任务转换成 MapReduce 计算模式才能使用这套系统。也就是说，当需要执行某些复杂的数据处理任务时，需要把它翻译成一系列的 MapReduce 作业，然后依次执行这些作业。在计算过程的各个步骤之间，各个作业输出的中间结果需要存储到 HDFS 中，然后才能被下一个步骤使用。因为多副本容错复制和磁盘存取的关系，Hadoop 执行翻译成多个 MapReduce 作业的计算任务时效率不高。

　　从计算模型来看，Spark 把计算任务表达成 DAG 作业，从而把整个数据处理流程的多个步骤完整地表达出来。所以 Spark 能够支持对数据进行复杂的处理操作，无须像 Hadoop 一样，把复杂任务分解成一系列的 MapReduce 作业。

　　Spark 支持把数据驻留在内存中，在作业（表达为 DAG 形式）的多个阶段间，实现数据不落地（写入磁盘）的流水线（Pipeline）处理。所以，Spark 不仅能够用 DAG 更加自然地表达各种复杂计算,而且其性能也比 Hadoop 高。

这并不是说,Hadoop 大数据处理系统毫无意义。从某种意义上来说,正是 Hadoop 的成功和不足,催生了 Spark 这样的系统。而 Hadoop 系统本身也在不断发展,包括新的计算模型的支持,如流数据处理、图数据处理及 DAG 表达的计算任务(Tez 系统)的处理。所以,应把 Spark 看作是 Hadoop 的备选项,而不是完全地替代 Hadoop 本身。

目前,Spark 可以在 Hadoop HDFS 上运行,把 HDFS 作为数据存储使用。Spark 应用程序可以部署到 Hadoop 2.0 YARN 集群或者 Apache Mesos 集群上,YARN 和 Mesos 是可以互相替换的资源管理和调度软件(模块)。

## 7.3 Spark 的特性

Spark 包括以下 7 个特性。

(1) Spark 的数据处理速度比 Hadoop 要快很多,这主要得益于其基于内存的数据处理技术。Spark 本身支持内存数据集的处理,以及存储在磁盘上的数据集的处理。Spark 尽量把更多的数据驻留在内存中,必要时才需要存取磁盘。此外,Spark 将中间结果保存在内存中,而不是写入磁盘,对于需要对数据进行多次处理的计算任务来说,避免 I/O 操作,可以极大提高处理效率。Spark 的基于内存的数据处理技术,使得它可获得比其他大数据处理框架更高的性能。

如图 7-2 所示,对于一个 Map 和一个 Reduce 操作,首先,Hadoop 和 Spark 都需要从磁盘读取数据。然后,Hadoop 执行 Map 操作,中间结果存盘;Spark 则把中间结果存在内存中。接下来,Hadoop 的 Reduce 操作,从磁盘读取数据进行汇总;而 Spark 从内存直接读取中间结果进行后续处理。可以想象得到,如果执行多个 Map 和 Reduce 操作,Hadoop 和 Spark 的执行效率将会有相当大的差别。

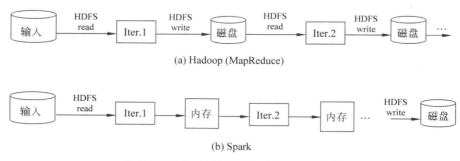

图 7-2 Hadoop(MapReduce)和 Spark 对比

(2) Spark 和 Hadoop 生态系统兼容,能够集成和操作 HDFS、Amazon S3、Hive、HBase、Cassandra 等数据源。Spark 可以运行在 Hadoop YARN 或者 Apache Mesos 上,也可以独立运行。

(3) 除了 Map 函数和 Reduce 函数,Spark 提供其他大量的数据原语操作,使用这些操作可以表达复杂的计算任务。这些操作包括转换(Transformation)操作和动作(Action)操作。

（4）Spark 可以对使用 DAG 表达的复杂算法进行优化。

（5）对于数据查询操作，Spark 采用延迟计算（Lazy Evaluation）的方式执行，从而帮助优化器对整个数据处理的工作流进行优化。

（6）Spark 系统使用 Scala 语言编写，经过编译后，在 Java 虚拟机（Java Virtual Machine，JVM）上运行。Spark 系统提供了简洁、一致的 API，支持各种编程语言。目前 Spark 支持的开发语言包括 Scala、Java、Python、Clojure、R 等。

（7）Spark 提供了一个交互式的 Shell，使用户可以使用 Scala 或者 Python 语言，交互式地对数据进行操作，并立即看到结果。

## 7.4 Spark 生态系统

整个 Spark 软件系统，包含核心模块（Spark Core）及若干数据处理分析模块，这些模块一起构成整个 Spark 大数据处理的生态系统。

**1. Spark 核心模块**

Spark 核心模块是整个系统进行大规模并行和分布式数据处理的基础。它的主要功能：内存管理和容错保证、集群环境下的作业调度和监控、存储系统的接口和交互等。下面对核心模块上的其他模块进行介绍。

**2. 流数据处理模块**

流数据处理模块（Spark Streaming）用于处理实时流数据，例如，Web 服务器的日志文件（Log File）、社交媒体（如 Twitter）及各种消息队列（如 Kafka 消息队列）等。

该模块采用小批量（Mini Batch）数据处理的方式，即把接收的数据流分解成一系列的小 RDD（见 7.5 节），交给 Spark 引擎进行处理，从而实现流数据处理，处理结果批量生成（In Batch）。流数据处理模块如图 7-3 所示。

图 7-3　流数据处理模块

**3. SQL 查询与结构化数据处理模块**

SQL 查询与结构化数据处理模块（Spark SQL）把 Spark 数据集通过 JDBC API 暴露，让客户程序可以在上面运行 SQL 查询，也可以把传统的商务智能（Business Intelligence，BI）和可视化工具连接到该数据集，利用 JDBC 进行数据查询、汇总和展示等。

该模块支持不同外部数据源（如 JSON、Parquet 列存储及关系数据库等）的导入、转换和装载，并且支持即席（Ad-Hoc）查询。

**4. 机器学习模块**

MLlib 是 Spark 生态系统里可扩展的机器学习模块。它已经实现了众多的算法，包括分类（Classification）、聚类（Clustering）、回归（Regression）、协同过滤（Collaborative Filtering）和降维（Dimensionality Reduction）等。

**5. 图数据处理模块**

图数据处理模块（GraphX）支持图数据的并行处理。用户可以利用该模块，对图数据进行探索式分析（Exploratory Analysis）及迭代式计算（Iterative Graph Computation）。

GraphX 对 RDD 进行了扩展，称为 RDPG（Resilient Distributed Property Graph）。RDPG 是一个把不同属性赋予各个节点和各条边的有向图。为了支持图数据的处理，GraphX 提供了一系列操作供用户使用，包括子图（Sub Graph）、顶点连接（Vertices Join）、消息聚集（Message Aggregate）等，还提供了 Pregel（Google 公司的图数据处理软件）API 的变种。在此基础上，GraphX 包含了经典的图处理算法，如 PageRank 等，方便在此之上开发更加复杂的图数据分析软件。

Spark 生态系统的主要模块如图 7-4 所示。

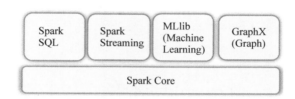

图 7-4　Spark 生态系统（主要模块）

此外，BlinkDB 是一个近似查询处理引擎，可以在大规模数据集上，交互式地执行 SQL 查询。这个查询引擎，允许用户在查询的精度和响应时间之间做出折中。用户可以指定查询响应时间或者查询结果精度要求，BlinkDB 在数据采样（Data Sample）上执行查询，获得一个近似结果。BlinkDB 给查询结果打上一个错误范围（Error Bar）标签，帮助用户做出决断。

**6. 适配软件模块**

除核心模块外，整个 Spark 生态环境还集成了一系列的适配软件模块，包括 Spark Cassandra Connector、SparkR 等，以支持 Spark 系统和 Cassandra、R 等软件系统的协同工作。例如，通过 Cassandra Connector，可以使用 Spark 存取存在 Cassandra 数据库里的数据，进行必要的数据分析。

## 7.5　RDD 及其处理

RDD 是 Spark 软件系统的核心概念。它是一个容错的、不可更新的（Immutable）分布式数据集，支持并行处理。

简单来说，可以把 RDD 看作数据库里的一张表。Spark 把隶属于一个 RDD 的数据，划分成不同的分区，分区是 RDD 的下级概念。对 RDD 进行分区，并且把分区分布到集群环境（不同节点），有利于对数据进行并行处理。可以从外部数据源（如 HDFS、HBase 等）创建 RDD，也可以在 Spark 程序中直接创建 RDD，如把一个 List 转换成一个 RDD。

RDD 采用基于血统（Lineage）的容错机制，也就是它记住每个 RDD 是如何从其他 RDD 转换而来的。当某个 RDD 损坏时，Spark 系统从上游 RDD 重新计算和创建该 RDD 的数据。

RDD 是不可更新的。用户可以对一个 RDD 进行转换，但是转换之后会返回一个新的 RDD，而原来的 RDD 保持不变。

RDD 支持两种操作，分别是转换和动作。对一个 RDD 施加转换操作，将返回一个新的 RDD。典型的转换操作包括 map、filter、flatMap、groupByKey、reduceByKey、aggregateByKey、pipe 及 coalesce 等。

动作操作施加于 RDD，经过对 RDD 的计算返回一个新的结果，这个结果将返回客户端。典型的动作操作包括 reduce、collect、count、first、take、countByKey 及 foreach 等。

转换操作是延迟（Lazy）执行的，也就是这个操作不会立即执行。当某个动作操作被一个驱动程序（Driver Program，不是设备驱动程序，而是客户端软件）调用 DAG 的动作操作时，动作操作的一系列前导（Proceeding）转换操作才会被启动。这个特性使得 Spark 可以为 DAG 生成一个优化的执行计划。

Spark 能记住是哪个转换把哪个 RDD 转换成另一个 RDD 的，即记住 RDD 的生成关系，为基于血统的容错机制提供支撑。

### 7.5.1 DAG、宽依赖与窄依赖

RDD、转换操作、动作操作等一起构成一个 DAG，用于表达复杂的计算。一般来说，对 DAG 中的每个 RDD，当需要在上面执行某个转换或动作时，将重新从上游 RDD 进行计算。同时，也可以对 RDD 进行缓存或者持久化。在这种情况下，Spark 会保留 RDD，以便后面可以再次存取它，从而获得更高的查询速度。缓存指的是把数据缓存在内存中。Spark 提供了 3 种持久化的 RDD 的存储选项，分别是内存中的反序列化的 Java 对象（In-mem Storage as Deserialized Java Objects）、内存中的序列化的数据（In-mem Storage as Serialized Data）和磁盘存储（On-Disk Storage）。

一个典型的 DAG（表达一个数据处理工作流），如图 7-5 所示。首先，这个工作流把两个 HDFS 文件里的数据分别装载到两个 RDD 中，然后对 RDD（包括中间生成的各个 RDD）施加一系列的转换（map、flatMap、filter、groupByKey、join 等）操作。对一个 RDD

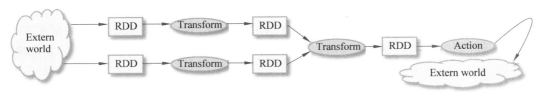

图 7-5　一个典型的 DAG

施加转换操作后，生成一个新的 RDD。然后后续的转换操作继续对新生成的 RDD 进行操作。最后，一个动作操作（count、collect、save、take 等）施加于最后的 RDD，生成最终结果，并且写入存储设备。

在 DAG 里，父子 RDD 的各个分区之间有两种依赖关系，分别是宽依赖和窄依赖，如图 7-6 所示。窄依赖是指每个父 RDD 的分区最多被一个子 RDD 的分区使用到（父 RDD 的某个分区的数据经过转换操作产生子 RDD 的分区）；宽依赖是指多个子 RDD 的分区依赖同一个父 RDD 的分区的情形，如 groupByKey、reduceByKey、sortByKey 等操作需要用到宽依赖，以便获得正确的结果。

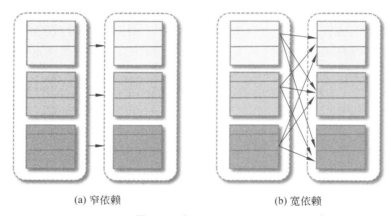

(a) 窄依赖　　(b) 宽依赖

图 7-6　窄依赖与宽依赖

窄依赖的处理（从父 RDD 分区生成一个子 RDD 分区）可以在一台机器上完成，无须在网络上进行数据传输（Data Shuffling），但是宽依赖一般都涉及数据的网络传输。

### 7.5.2　DAG 的调度执行

DAGScheduler 是面向阶段（Stage-Oriented）的 DAG 执行调度器。DAGScheduler 使用作业（Job）和阶段（Stage）等基本概念进行作业调度。作业是提交到 DAGScheduler 的工作项目（Work Item）。作业表达成 DAG，并以 RDD 结束。阶段是一组并行任务，每个任务对应 RDD 的一个分区。每个阶段是 Spark 作业的一部分，负责计算部分结果，它也是调度的基本单元。

DAGScheduler 检查依赖的类型，它把一系列窄依赖 RDD 组织成一个阶段。而对于宽依赖，则需要跨越连续的阶段。

图 7-7 展示了一个作业及其对应的各个阶段。这个作业所表达的计算是把两个表连接起来，然后进行聚集操作，其包含 3 个阶段。

在 Stage 1 里，对 RDD A（一张表，整个是一个 RDD，划分成一系列分区，分布在各个节点上）进行 group by 处理，生成 RDD B。RDD A 和 RDD B 之间的依赖关系是宽依赖。

在 Stage 2 里，对 RDD C（另一张表，整个是一个 RDD，划分成一系列分区，分布在各个节点上）进行 map、filter 操作，依次生成 RDD D、RDD E 等中间结果，RDD C 与 RDD D 之间及 RDD D 与 RDD E 之间的依赖关系是窄依赖。

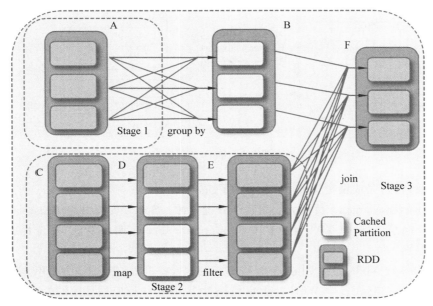

图 7-7 一个 Spark 作业及其对应的各个阶段

（注：虚线圆角矩形框表示各个阶段）

在 Stage 3 里，对 RDD B 和 RDD E 进行 join 操作。RDD B 和 RDD F 之间的依赖关系是窄依赖，而 RDD E 和 RDD F 之间的依赖关系是宽依赖。

通过这 3 个阶段的处理，实现表 A 和表 B 之间的连接操作。

DAGScheduler 在上述分析基础上，为作业产生一系列的阶段，以及它们的依赖关系。并且确定需要对哪些 RDD 和哪些阶段的输出进行持久化，找到一个运行这个作业的最小代价的调度方案，然后把这些阶段提交给 TaskScheduler 执行。同时，DAGScheduler 根据当前的缓存信息（Cache Status）确定运行每个任务的优选位置，把这些信息一并交给 TaskScheduler。

DAGScheduler 负责对 Shuffle 输出文件丢失的情况进行处理，有时候需要把一些已经执行过的阶段重新提交，以便重建丢失的数据。

对于阶段内的失败情况（非 Shuffle 输出文件丢失情况），则由 TaskScheduler 本身进行处理，它将尝试执行该任务（一定的次数），如果还是失败，则取消整个阶段。

## ◆ 7.6 Spark 的部署

在 Spark 的部署中涉及 4 个主要组件，如图 7-8 所示。

（1）Driver Program 负责运行应用程序的 main 函数，创建 SparkContext。

（2）SparkContext 持有到 Cluster Manager 的连接。每个 Spark 应用程序都是一组独立的进程，由 SparkContext 协调运行。当 SparkContext 连接到 Cluster Manager 以后，它申请获得从节点上的一系列执行器（Executor）。这些执行器独立工作（运行 Task）

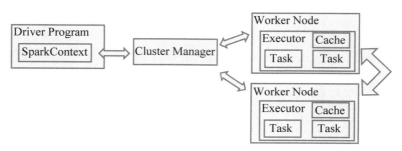

图 7-8　Spark 的部署

又相互沟通,负责完成整个作业,即应用程序的处理要求。

(3) Cluster Manager 负责为应用程序分配资源。Spark 支持 3 种 Cluster Manager,即 Standalone、Mesos 和 YARN。这些 Cluster Manager 在调度算法、安全性、监控能力等方面有差别。

(4) Worker Node 是在 Cluster 的从节点上运行的进程,用于执行应用程序。一个应用程序启动以后,它在各个 Worker 上申请执行器,真正执行应用程序的处理逻辑。

## 7.7　Spark SQL

Spark SQL 是 Spark 大数据处理框架的重要组成部分。在 Spark SQL 中用户可以对结构化数据用 SQL 进行查询分析。用户可以通过抽取、转换、装载(Extract Transformation Load,ETL)工具,从不同格式的数据源装载数据,然后运行一些即席查询。Spark SQL 和其他系统组件的关系如图 7-9 所示,其中,Catalyst 为 Spark SQL 的查询优化器。

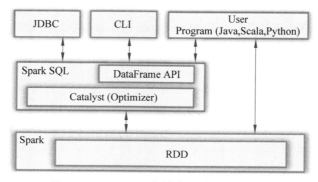

图 7-9　Spark SQL 和其他系统组件的关系

Spark SQL 包括以下 3 个主要特性。

(1) DataFrame:新版本 Spark SQL 在数据存储层面通过数据模式完成对数据的结构化描述,称为 DataFrame。DataFrame 是 Spark SQL 的一个重要的软件抽象层。DataFrame 是给不同属性列命名(Named Column)的分布式数据集,它和关系数据库的数据库表结构非常类似。

DataFrame 从 Spark SQL 前一个版本的 SchemaRDD 发展而来，并且进行了大量的代码改写。SchemaRDD 是在 RDD 的基础上增加了一个模式层，以便对数据集的各个数据列进行命名和数据类型描述。

开发人员可以在 Scala 或者 Java 程序中调用 DataFrame API，把过程性处理和关系处理（Relational Processing，即对表格的选择、投影、连接等操作）集成起来。DataFrame API 的各个操作是以延迟的方式执行的，这就使得 Spark 系统可以对关系操作及整个数据处理工作流进行深入优化。

用户可以从不同的数据源创建 DataFrame，包括已经存在的 RDD、结构化数据文件（Structured Data File）、JSON 数据集、Hive 表格、外部数据库表等。

在查询处理层面，通过 SQLContext 支持 SQL 查询功能。用户首先需要创建 SQLContext，然后调用其方法，实现 SQL 查询处理。实际上，SQLContext 是在 SparkContext 基础上进行包装，生成的一个新对象。

Spark SQL 还包含了一个 HiveContext 对象，它提供了 SQLContext 功能的一个超集（Superset），用户可以用 HQL 编写查询，从 Hive 数据库表中查询数据。

（2）Data Source：Spark 增加了 Data Source API。通过这个 API，Spark SQL 可以存取以不同格式保存的结构化数据，包括 Parquet 格式、JSON 格式，以及 Apache Avro 数据序列化（Data Serialization）格式等。JDBC Data Source，是 Spark SQL 支持的一个数据源类型。用户可以通过 JDBC API 从关系数据库读取数据，并且把读取的数据和其他的数据集进行连接操作。

（3）JDBC 服务器：Spark SQL 内置一个 JDBC 服务器，客户端程序可以通过 JDBC 驱动程序连接到该服务器，存取 Spark SQL 数据库表。

## 7.8 Spark 的应用案例

Spark 生态系统的各个工具，可以有效地应对大数据的数据量（Volume）、速度（Velocity）、数据多样性（Diversity）等多重挑战，Spark 可以胜任日志、电信基站等数据的处理和分析工作。下面列举部分可以使用 Spark 技术的实际应用。

在游戏行业，如果能够对游戏中的大量实时事件（Real Time Event）进行分析，并且发现一些模式，就可以进行快速响应，如进行精准广告投放（Targeted Advertising）、玩家的挽留（Retention）及自动调整游戏的复杂度等。

在电商领域，实时的交易信息可以作为一个数据流，在数据流上可以运行一些聚类算法，如 K-means 算法或协同过滤（Collaborative Filtering）算法，可以把所获得的分析结果与其他的非结构化数据源（如客户对商品的评价信息等）相结合，用于不断优化和调整展示给用户的推荐信息。

在金融以及网络安全领域，Spark 生态系统工具可以用于欺诈检测（Fraud Detection）、入侵检测（Intrusion Detection）等。通过对大量的日志进行分析，并且和外部数据源（如关于数据泄露、受损账户、连接和请求发出的 IP 地址所在位置及时间等信息）进行合并，就可以获得更加准确的预测效果。

## 7.9 总　　结

Spark 是一个高性能的通用的大数据处理平台。它可以处理大规模的实时数据或者批量数据，还可以处理结构化数据和非结构化数据，并且集成了复杂的机器学习和图数据处理算法。不同类型数据的保存及各种复杂的处理任务都可以在一个平台上完成，帮助用户从数据中发现隐藏的规律和模式。

## 7.10 思　考　题

1. 简述 Spark 的软件架构。
2. 简述 Spark 的优势。
3. 简述 Spark 生态系统。
4. 简述 RDD 及其转换操作、动作操作。
5. 简述宽依赖、窄依赖。
6. 简述 DAG 的作业调度执行及作业实例。
7. 简述 DataFrame 与 Spark SQL。
8. 简述 Spark 应用案例。

## 参 考 文 献

[1] 三文鱼.大数据分析平台解析：什么是 Apache Spark？[EB/OL].（2017-11-14）[2021-09-15]. http://bigdata.it168.com/a2017/1114/3179/000003179750.shtml.

[2] 钰莹. Hadoop 进入寒冬期，崛起的会是 Spark 吗？[EB/OL].（2018-03-01）[2021-09-15]. http://bigdata.it168.com/a2018/0228/3192/000003192682.shtml.

# 第 8 章 Spark 的安装、部署与运行

本章介绍 Spark 的安装、部署与运行，并且给出若干实例，包括在 spark-sql shell、pyspark shell 及 scala shell 下如何对数据文件进行处理，如何运行 SQL 查询等。此外，本章还介绍了如何配置和使用 Spark 的 Thrift Server。

## ◆ 8.1 Spark 的安装、配置与运行

本安装采用 Standalone 部署模式，其他模式包括 YARN、Mesos 等，主要的区别是采用的资源管理器不一样，可参见文献[1]和文献[2]。要配置高可用的集群系统，可参见文献[3]。

安装 JDK1.8.0_144，可参考第 4 章。

安装 Python。从网址 https://www.continuum.io/downloads 下载 Anaconda 2。Anaconda 是一个 Python 的发行版，包含常用的 Python 库。

```
cd /opt/linuxsir
ls
bash ./Anaconda2-4.4.0-Linux-x86_64.sh
    //可以指定安装路径为 /opt/linuxsir/anaconda2
```

配置 Python。编辑 ~/.bashrc 文件，并且使之生效。

```
echo "" >> ~/.bashrc
echo "export PYTHON_HOME=/opt/linuxsir/anaconda2" >> ~/.bashrc
echo "export PATH=\$PATH:\$PYTHON_HOME/bin" >> ~/.bashrc

cat ~/.bashrc
source ~/.bashrc
```

安装 Scala。从网址 http://www.scala-lang.org/download/ 下载 scala-2.10.1。

```
cd /opt/linuxsir
tar xzvf ./scala-2.10.1.tgz

mv scala-2.10.1/ /opt/linuxsir/scala
```

配置 Scala。编辑~/.bashrc 文件,并且使之生效。

```
echo "" >> ~/.bashrc
echo "export SCALA_HOME=/opt/linuxsir/scala" >> ~/.bashrc
echo "export PATH=\$PATH:\$SCALA_HOME/bin:\$SCALA_HOME/sbin" >> ~/.bashrc

cat ~/.bashrc
source ~/.bashrc

//验证 Scala 是否安装成功
scala -version
```

从网址 https://spark.apache.org/downloads.html 下载 spark-2.1.1,并且解压缩。

```
cd /opt/linuxsir
tar xzvf ./spark-2.1.1-bin-hadoop2.7.tgz
mv spark-2.1.1-bin-hadoop2.7/ /opt/linuxsir/spark
```

编辑~/.bashrc 文件,并且使之生效。

```
echo "" >>~/.bashrc
echo "export SPARK_HOME=/opt/linuxsir/spark" >> ~/.bashrc
echo "export PATH=\$PATH:\$SPARK_HOME/bin:\$SPARK_HOME/sbin" >> ~/.bashrc
echo "export PYTHONPATH = \$PYTHONPATH: \$SPARK_HOME/python/: \$SPARK_HOME/
python/lib/py4j-0.10.4-src.zip" >> ~/.bashrc

cat ~/.bashrc
source ~/.bashrc
```

注意:pyspark 和 py4j 两个模块在 Spark 的安装目录里,需要定义 PYTHONPATH 环境变量。

在/opt/linuxsir/spark/conf 目录下,从模板 spark-env.sh.template 复制 spark-env.sh 文件。

```
cd /opt/linuxsir/spark/conf
cp spark-env.sh.template spark-env.sh
```

编辑 spark-env.sh 文件,内容如下:

```
export JAVA_HOME=/opt/linuxsir/java/jdk
export HADOOP_HOME=/opt/linuxsir/hadoop
export HADOOP_CONF_DIR=/opt/linuxsir/hadoop/etc/hadoop
export HIVE_HOME=/opt/linuxsir/hive
```

```
export SCALA_HOME=/opt/linuxsir/scala
export SCALA_LIBRARY_PATH=${SCALA_HOME}/lib

export SPARK_HOME=/opt/linuxsir/spark
export SPARK_DIST_CLASSPATH=$(hadoop classpath)
export SPARK_LIBRARY_PATH=${SPARK_HOME}/lib

export SPARK_MASTER_HOST=192.168.31.129
export SPARK_MASTER_PORT=17077              #7077 被占用就改成 17077
export SPARK_MASTER_WEBUI_PORT=18080        #8080 被占用就改成 18080
export SPARK_WORKER_WEBUI_PORT=18081        #8081 被占用就改成 18081
export SPARK_WORKER_MEMORY=1280m
export SPARK_LOCAL_DIRS=/opt/linuxsir/sparkdata
```

在上述文件中，可以使用 export SPARK_DIST_CLASSPATH＝$(/opt/linuxsir/hadoop/bin/hadoop classpath)。需要注意的是，事先需要创建 sparkdata 目录，命令为 mkdir/opt/linuxsir/sparkdata。

对上述文件中涉及的主要变量及其他可用变量，解释如下，用户可根据需要进行适当配置。

SPARK_MASTER_HOST 为 Spark Master 进程所在节点。

SPARK_MASTER_PORT 为 Spark Master 进程的监听端口，默认为 7077，改为 17077。

SPARK_MASTER_WEBUI_PORT 为 Spark Master 的 Web UI 的端口，默认为 8080，改为 18080。

SPARK_MASTER_OPTS 为运行 Spark Master 进程的 JVM 的启动参数。

SPARK_WORKER_WEBUI_PORT 为 Spark Worker 的 Web UI 端口，默认为 8081，改为 18081。

SPARK_WORKER_MEMORY 为 Spark Worker 进程的内存设置。

SPARK_WORKER_OPTS 为运行 Spark Worker 进程的 JVM 的启动参数。

SPARK_DAEMON_MEMORY 为分配给 Spark Master/Worker 守护进程的内存（默认为 1GB）。

SPARK_DAEMON_JAVA_OPTS 为设置通用 JVM 参数。

在/opt/linuxsir/spark/conf 目录下，从模板复制并编辑 slaves 文件。

```
cd /opt/linuxsir/spark/conf
cp slaves.template   slaves
```

用 echo 命令修改其内容：

```
echo "" >> slaves
echo "hd-slave1" >> slaves
```

```
echo "hd-slave2" >> slaves
cat slaves
```

从 hd-master 节点把~/.bashrc、anaconda2、scala、spark 等配置文件和软件包（整个目录）复制到 hd-slave1 和 hd-slave2 节点。

```
scp -r ~/.bashrc root@192.168.31.130:~/.bashrc
scp -r ~/.bashrc root@192.168.31.131:~/.bashrc

scp -r /opt/linuxsir/anaconda2 root@192.168.31.130:/opt/linuxsir
scp -r /opt/linuxsir/anaconda2 root@192.168.31.131:/opt/linuxsir

scp -r /opt/linuxsir/scala root@192.168.31.130:/opt/linuxsir
scp -r /opt/linuxsir/scala root@192.168.31.131:/opt/linuxsir

scp -r /opt/linuxsir/spark root@192.168.31.130:/opt/linuxsir
scp -r /opt/linuxsir/spark root@192.168.31.131:/opt/linuxsir
```

在 3 个节点上运行~/.bashrc，刷新环境变量。

```
source ~/.bashrc
ssh root@192.168.31.130 source ~/.bashrc
ssh root@192.168.31.131 source ~/.bashrc
```

## 8.2 启动 Spark

首先需要启动 Hadoop。

```
cd /opt/linuxsir/hadoop/sbin
./start-dfs.sh
./start-yarn.sh

jps
ssh root@192.168.31.130 jps
ssh root@192.168.31.131 jps

//用如下命令停止 Hadoop(完成实验再停止)
cd /opt/linuxsir/hadoop/sbin
./stop-yarn.sh
./stop-dfs.sh
```

确认 Hive 的配置文件/opt/linuxsir/hive/conf/hive-site.xml 里已经有 Metastore 的设置项。

```
<property>
    <name>hive.metastore.uris</name>
    <value>thrift://192.168.31.129:19083</value>
</property>
```

用如下命令,启动 Hive Metastore。

```
cd /opt/linuxsir/hive
./bin/hive --service metastore -p 19083 &

//用如下命令停止 Metastore(完成实验再停止)
ps -ef|grep metastore
kill -9 16336       //16336 是 Metastore 进程号
```

在/opt/linuxsir/spark/conf 目录下,配置 Spark 的 hive-site.xml,主要目的如下。
(1) 指出 Hive Metastore 所在的位置。
(2) 配置 Spark Thrift Server Host 和 Spark Thrift Server Port(Thrift Server Host /Port 也可以在启动 Thrift Server 时,在命令行设置)。

```
cp /opt/linuxsir/hive/conf/hive-site.xml /opt/linuxsir/spark/conf
```

对复制过来的文件 hive-site.xml 进行编辑,只保留如下的内容:

```
<?xml version="1.0" encoding="UTF-8" standalone="yes"?>
<configuration>
    <property>
        <name>hive.metastore.uris</name>
        <value>thrift://192.168.31.129:19083</value>
    </property>
</configuration>
```

启动 Spark。

```
cd /opt/linuxsir/spark
./sbin/start-all.sh

//用如下命令停止 Spark(完成实验再停止)
cd /opt/linuxsir/spark
./sbin/stop-all.sh
```

如果启动 Spark 时内存不足,解决办法如下。
编辑 spark-env.sh 文件,修改 SPARK_WORKER_MEMORY 配置项。

```
export SPARK_WORKER_MEMORY=1280m
```

修改配置文件以后，要同步配置文件，然后再次启动 Spark。

```
scp /opt/linuxsir/spark/conf/spark-env.sh root@192.168.31.130:/opt/linuxsir/spark/conf
scp /opt/linuxsir/spark/conf/spark-env.sh root@192.168.31.131:/opt/linuxsir/spark/conf
```

查看进程是否正常启动，hd-master 节点上应该有 Master 进程，hd-slave1 和 hd-slave2 节点上应该有 Worker 进程。当然，各个节点还应该启动 HDFS、YARN 的相关进程。

```
jps
ssh root@192.168.31.130 jps
ssh root@192.168.31.131 jps
```

可以通过 Web 浏览器对 Spark 作业进行监控。在浏览器上通过如下网址查看：

```
http://192.168.31.129:18080/jobs
```

### 8.2.1　启动 spark-sql shell 运行 SQL

启动 spark-sql shell 运行 SQL。

```
cd /opt/linuxsir/spark
./bin/spark-sql --master spark://hd-master:17077
```

在 spark-sql shell 提示符下，运行如下 SQL 语句。

```
SET spark.sql.shuffle.partitions=20;

select id,word from words;
select id, count(*) from words group by id order by id;
select id,word from words order by id;

exit;
```

更多实例，可以参考文献[4]。

### 8.2.2　启动 pyspark shell 运行 SQL

启动 pyspark shell 运行 SQL。

```
cd /opt/linuxsir/spark
MASTER=spark://hd-master:17077 ./bin/pyspark
```

在 pyspark shell 提示符下运行如下代码。可以通过 sqlContext.sql 函数运行其他 SQL 查询。

```
from pyspark.sql import HiveContext
sqlContext=HiveContext(sc)
results=sqlContext.sql("show databases").collect()
print(results)
```

### 8.2.3 用 pyspark shell 进行数据处理

Spark 默认从 HDFS 中读取数据。需要从本地把/opt/linuxsir/test.txt 文件复制到 HDFS 的/input 目录。

```
cd /opt/linuxsir/hadoop/bin
./hdfs dfs -copyFromLocal /opt/linuxsir/test.txt /input
```

启动 pyspark shell。

```
cd /opt/linuxsir/spark
MASTER=spark://hd-master:17077 ./bin/pyspark
```

在 pyspark shell 提示符下,运行如下代码:

```
from pyspark import SparkContext
sc =SparkContext()

textFile = sc.textFile("hdfs://hd-master:9000/input/test.txt")
textFile.count()        #textFile.count()返回文件行数
textFile.first()
linesWithSpark = textFile.filter(lambda line:"hadoop" in line)
#filter 方法创建一个新的 RDD(包含'Spark'的行)
linesWithSpark.count()

ctrl +D
```

更多实例,可以参考文献[5]。

### 8.2.4 启动 scala shell 运行 WordCount

从 HDFS 读取文件并运行 WordCount。
从本地把/opt/linuxsir/test.txt 文件复制到 HDFS 的/input 目录。

```
cd /opt/linuxsir/hadoop/bin
./hdfs dfs -copyFromLocal /opt/linuxsir/test.txt /input
```

运行 scala shell。

```
cd /opt/linuxsir/spark/bin
MASTER=spark://hd-master:17077 ./spark-shell
```

在 scala shell 下运行如下代码。

```
val file = sc.textFile("hdfs://hd-master:9000/input/test.txt")
val file = sc.textFile("file:///opt/linuxsir/test.txt")
val count = file.flatMap(line => line.split(" ")).map(word => (word, 1)).reduceByKey(_+_)
count.collect()

:quit
```

### 8.2.5 启动 scala shell 运行 SQL（本地文件）

在 scala shell 提示符下利用 sqlContext.sql 函数运行 SQL。

```
import org.apache.spark.sql.SQLContext
val sqlContext = new org.apache.spark.sql.hive.HiveContext(sc)

sqlContext.sql("CREATE TABLE IF NOT EXISTS words1 (id INT, word STRING) ROW FORMAT DELIMITED FIELDS TERMINATED BY ' ' LINES TERMINATED BY '\n'")
sqlContext.sql(" LOAD DATA LOCAL INPATH '/opt/linuxsir/hive-test.txt' OVERWRITE INTO TABLE words1")

sqlContext.sql("FROM words1 SELECT id, word").collect().foreach(println)
sqlContext.sql("select id, word FROM words1 order by id").collect().foreach(println)
val df = sqlContext.sql("SELECT * FROM words1")
df.show()

sqlContext.sql("insert into words1 values(7, 'tahao')")
val df = sqlContext.sql("SELECT * FROM words1")
df.show()
sqlContext.sql("drop table words1")

val df = spark.read.json("file:///opt/linuxsir/spark/examples/src/main/resources/people.json")
df.show()

:quit
```

运行上述代码可能会出现如下错误。不用理会,继续运行。

```
…17/08/13 23:25:36 ERROR hdfs.KeyProviderCache: Could not find uri with key
[dfs.encryption.key.provider.uri] to create a keyProvider !!...
```

### 8.2.6　启动 scala shell 运行 SQL(HDFS 文件)

另一个实例如下,在 spark shell 中利用 sqlContext.sql 函数运行 SQL,创建表、插入数据后再进行查询。表格的数据源为 HDFS 文件。

从本地把/opt/linuxsir/ hive-test.txt 文件复制到 HDFS 的/input 目录。

```
cd /opt/linuxsir/hadoop/bin
./hdfs dfs -put /opt/linuxsir/hive-test.txt /input
```

启动 scala shell。

```
cd /opt/linuxsir/spark/bin
MASTER=spark://hd-master:17077 ./spark-shell
```

在 scala shell 提示符下,利用 sqlContext.sql 函数运行 SQL。

```
import org.apache.spark.sql.SQLContext
val sqlContext = new org.apache.spark.sql.hive.HiveContext(sc)
sqlContext.sql("CREATE TABLE IF NOT EXISTS words1 (id INT, word STRING) ROW
FORMAT DELIMITED FIELDS TERMINATED BY ' ' LINES TERMINATED BY '\n'")

sqlContext.sql("LOAD DATA INPATH '/input/hive-test.txt' OVERWRITE INTO TABLE
words1")

val df = sqlContext.sql("SELECT * from words1")

df.filter(df("id") > 3).show()

:quit
```

### 8.2.7　配置和启动 Thrift Server

在配置 Thrift Server 时,至少要配置 Thrift Server 的主机名和端口,如果要使用 Hive 数据,还要提供 Hive Metastore 的 uris。

编辑/opt/linuxsir/spark/conf/hive-site.xml 文件,保证有如下几个配置项:

```
<configuration>
    <property>
```

```xml
        <name>hive.metastore.uris</name>
        <value>thrift://hd-master:19083</value>
    </property>

    <property>
        <name>hive.server2.thrift.port</name>
        <value>10013</value>
    </property>

    <property>
        <name>hive.server2.thrift.bind.host</name>
        <value>hd-master</value>
    </property>
</configuration>
```

hive.metastore.uris 指定 Hive Metastore 的 URI；hive.server2.thrift.port 指定 Thrift Server 端口，这里使用端口 10013 是为了避免与 Hive 自己的 hive.server2.thrift.port（端口为 10011）产生冲突；hive.server2.thrift.bind.host 指定 Thrift Server 主机。

如果要存取 HDFS 文件，需要首先启动 Hadoop。

```
cd /opt/linuxsir/hadoop/sbin
./start-dfs.sh
./start-yarn.sh
```

启动 Thrift Server 过程如下。首先，启动 Hive Metastore。

```
cd /opt/linuxsir/hive
./bin/hive --service metastore -p 19083 &

//用如下命令停止 Hive Metastore(完成实验再停止)
ps -ef|grep metastore
kill -9 5853         //5853 是 Metastore 进程号
```

其次，启动 Spark。

```
cd /opt/linuxsir/spark
./sbin/start-all.sh
```

最后，启动 Thrift Server。

```
//用如下命令启动 Thrift Server
cd /opt/linuxsir/spark
./sbin/start-thriftserver.sh --master spark://hd-master:17077 \
--hiveconf hive.server2.thrift.bind.host hd-master \
```

```
--hiveconf hive.server2.thrift.port 10013

//等待 Thrift Server 启动
netstat -lanp | grep 10013          //确认 Thrift Server 已经在 10013 端口监听
```

通过浏览器访问 Spark 集群监控界面。在浏览器上通过如下网址查看：
http://192.168.31.129：18080/jobs
运行 beeline，准备连接到 Thrift Server。

```
cd /opt/linuxsir/spark
./bin/beeline
```

在 beeline 里连接到 Thrift Server。

```
!connect jdbc:hive2://hd-master:10013
//用户名为 root,密码为 rootroot
```

在 beeline 里运行 SQL。

```
show databases;
use default;

show tables;

select * from words;
select id,count(*) from words group by id order by id;
select id,count(*) from words1 group by id order by id;

!exit
```

这里连接的是 Spark 自带的 Thrift Server，客户端进行的操作都可以在 Spark 的作业界面看到，每个 SQL 语句对应一个作业，监控端口默认是 8080，已经改为 18080。

启动 Spark 的作业监控界面。在浏览器上通过如下网址查看：
http://192.168.31.129：18080/jobs。

需要注意的是，18080 端口目前为 Master Web UI 的端口。spark.history.ui.port 默认为 18080，现在把 Master Web UI 端口从 8080 改成 18080，与之冲突。可以在需要用到的时候，把 spark.history.ui.port＝18080 改成 spark.history.ui.port＝28080。关于 Spark History Server 配置，可以参考文献[6]。

停止 Thrift Server 和 Spark。
首先，停止 Thrift Server。

```
cd /opt/linuxsir/spark
./sbin/stop-thriftserver.sh
```

其次，停止 Spark。

```
cd /opt/linuxsir/spark
./sbin/stop-all.sh
```

停止 Hive Metastore。

```
netstat -ntlp|grep 19083
kill -9 16336          //16336是进程号
```

停止 Hadoop HDFS/YARN。

```
cd /opt/linuxsir/hadoop/sbin
./stop-yarn.sh
./stop-dfs.sh
```

Spark 和 Hadoop 的进程及其调用关系如图 8-1 所示。

| | | | | |
|---|---|---|---|---|
| Spark 层 | ① beeline 连接到 Thrift Server；② Thrift Server 通过 Metastore 查阅 MySQL 里的元信息；③ Thrift Server 把 SQL 查询交给 Spark 运行（Master/Slave）；④ Spark 可以存取本地文件，也可以存取 HDFS<br><br>Master | Worker | Worker | |
| Hive 层 | Metastore<br>MySQL | | | |
| YARN 层 | ResourceManager | NodeManager | NodeManager | … |
| HDFS 层 | NameNode<br>Secondary NameNode | DataNode | DataNode | … |
| Hardware 各个节点 | hd-master 节点<br>192.168.31.129 | hd-slave1 节点<br>192.168.31.130 | hd-slave2 节点<br>192.168.31.131 | … |

图 8-1　Spark 和 Hadoop 的进程及其调用关系

## 8.2.8　错误分析

如果 Spark 启动或者运行中出现错误，可以分析其 Log 文件。

Spark 上运行的每个作业的日志都保存在每个从节点的 SPARK_HOME/work 目录下。每个作业的日志包括 stdout 和 stderr 两个文件，内容是作业写到标准输出和标准错误输出的内容。

## 8.3 在 Windows 上用 Eclipse 调试 Spark Java 程序

为了在 Windows 上用 Eclipse 调试 Spark Java 程序,需要安装必要的软件和进行一系列的配置,具体描述如下。

**1. 在 Windows 上解压缩 Hadoop 2.7.3**

一般把 hadoop-2.7.3.tar.gz 文件解压缩到 D:\hadoop-2.7.3 目录下。

**2. 在 Windows 上解压缩 Spark 2.1.1**

把 spark-2.1.1-bin-hadoop2.7.tgz 文件解压缩到 D:\spark-2.1.1-bin-hadoop2.7 目录下。

**3. 安装 Hadoop winutils**

把 hadoop-2.7.3-winutils.zip 文件解压缩到 D:\hadoop-2.7.3\bin 目录下。该文件包含 hadoop.dll 和 winutils.exe 等文件(可参考 4.16 节了解如何下载该文件)。

**4. 设定环境变量**

右击"我的电脑"图标,在弹出的快捷菜单中选择"属性"命令,选择"高级系统设置"选项,单击"环境变量"按钮,在"系统变量"面板中单击"新建"按钮,弹出"新建系统变量"对话框,输入"变量名"为 HADOOP_HOME、"变量值"为 D:\hadoop-2.7.3,单击"确定"按钮。

在"系统变量"面板中,选择 Path 环境变量,单击"编辑"按钮,增加一项为 D:\hadoop-2.7.3\bin。

**5. 在 Windows 上新建 Eclipse Maven 项目**

启动 Eclipse,选择 File→New→New Project 命令,打开 New Project 对话框,选择 Maven Project 项目类型。

编辑项目的 pom.xml 文件,内容如下:

```
<project xmlns="http://maven.apache.org/POM/4.0.0"
  xmlns:xsi="http://www.w3.org/2001/XMLSchema-instance"
  xsi: schemaLocation =" http://maven. apache. org/POM/4. 0. 0 http://maven.
apache.org/xsd/maven-4.0.0.xsd">
  <modelVersion>4.0.0</modelVersion>

  <groupId>com.pai</groupId>
  <artifactId>spark_demo</artifactId>
  <version>0.0.1-SNAPSHOT</version>
  <packaging>jar</packaging>
```

```xml
<name>spark_demo</name>
<url>http://maven.apache.org</url>

<properties>
    <project.build.sourceEncoding>UTF-8</project.build.sourceEncoding>
</properties>

<dependencies>
    <dependency>
        <groupId>junit</groupId>
        <artifactId>junit</artifactId>
        <version>3.8.1</version>
        <scope>test</scope>
    </dependency>

    <dependency>
        <groupId>org.apache.hadoop</groupId>
        <artifactId>hadoop-common</artifactId>
        <version>2.7.3</version>
    </dependency>

    <dependency>
        <groupId>org.apache.spark</groupId>
        <artifactId>spark-core_2.10</artifactId>
        <version>2.1.1</version>
    </dependency>

    <dependency>
        <groupId>jdk.tools</groupId>
        <artifactId>jdk.tools</artifactId>
        <version>1.8</version>
        <scope>system</scope>
        <systemPath>C:/Program Files/Java/jdk1.8.0_131/lib/tools.jar</systemPath>
    </dependency>
</dependencies>

</project>
```

6. 配置 Maven 的源

配置 Maven，使其使用国内源，这样在构建 Maven 项目时速度更快。具体是在 D:\

apache-maven-3.5.0\conf\setting.xml 文件中增加如下内容,作为第一个镜像(Mirror)。

```xml
<mirror>
    <id>aliyun</id>
    <url>http://maven.aliyun.com/nexus/content/groups/public/</url>
    <mirrorOf>central</mirrorOf>
</mirror>
```

注意:Maven 安装在 D:\apache-maven-3.5.0 目录下(参见 8.4 节)。

**7. 编写主程序 Java 代码**

新建一个 WordCount.java 源文件,代码如下。该代码参考了文献[7]。

```java
package com.pai.spark_demo;

import java.util.ArrayList;
import java.util.Arrays;
import java.util.List;

import org.apache.spark.SparkConf;
import org.apache.spark.api.java.JavaPairRDD;
import org.apache.spark.api.java.JavaRDD;
import org.apache.spark.api.java.JavaSparkContext;
import org.apache.spark.api.java.function.FlatMapFunction;
import org.apache.spark.api.java.function.Function2;
import org.apache.spark.api.java.function.PairFunction;
import org.apache.spark.api.java.function.VoidFunction;

import scala.Tuple2;

public class WordCount {
    public static void main(String[] args) {
        SparkConf conf = new SparkConf().setMaster("local").setAppName("WordCountTest");
        JavaSparkContext sc = new JavaSparkContext(conf);
        String outputDir = args[0];

        List<String> list = new ArrayList<String>();
        list.add("1 1 2 a b");
        list.add("a b 1 2 3");
        JavaRDD<String> lines = sc.parallelize(list);

        //line split
        JavaRDD<String> words = lines.flatMap(line -> Arrays.asList(line.split(" ")).iterator());
```

```java
        //pairs
        JavaPairRDD<String, Integer> pairs = words.mapToPair
(new PairFunction<String, String, Integer>() {
            public Tuple2<String, Integer> call(String s) throws Exception {
                return new Tuple2<String, Integer>(s, 1);
            }
        });

        //reduce
        JavaPairRDD<String, Integer> counts = pairs.reduceByKey
(new Function2<Integer, Integer, Integer>() {
            public Integer call(Integer x, Integer y) throws Exception {
                return x + y;
            }
        });

        //output
        System.out.println("The result is: "+counts.collect());
        counts.saveAsTextFile(outputDir);

        //output
        //counts.foreach(new VoidFunction<Tuple2<String, Integer>>() {
        //     public void call(Tuple2<String, Integer> tuple2) throws Exception {
        //         System.out.println(tuple2);
        //     }
        //});

        sc.stop();
    }
}
```

上述代码的实现过程如下。

(1) 导入必要的类库。

(2) 定义 WordCount 类，WordCount 类只有一个静态的 main 函数。

(3) 在 main 函数里，首先新建 SparkConf 类的对象 conf，然后以 conf 为参数，新建 JavaSparkContext 对象 sc，并且从命令行获得参数 outputDir。

(4) 新建 List<String> 类的对象 list，在其基础上新建 JavaRDD<String>类的对象 lines。

(5) 通过 flatMap 函数，在 lines 的基础上把单词切割出来，并新建 JavaRDD<String>类的对象 words。

(6) 针对 words 的每个 word，新建＜word,1＞形式的键-值对，把它插入

JavaPairRDD<String,Integer> 类的对象 pairs。

（7）针对 pairs，把相同的 Key 聚拢并进行计数，生成 JavaPairRDD<String,Integer>类的对象 counts，里面是每个单词及其计数。

（8）输出到文件系统的 outputDir，或者在终端上显示。

需要注意的是，如果进行本地调试，将在项目文件夹下新建 outputDir 并且输出，如果是在集群上运行或者调试该程序，那么将输出到 HDFS。

**8．编译打包 Maven 项目**

右击 Eclipse 项目，在弹出的快捷菜单中选择 Run As→Run Configurations 命令，打开 Run Configurations 对话框。双击对话框左侧的 Maven Build，新建一个 Run Configuration，命名为 spark_demo_build，在 Goals 文本框中输入 package，如图 8-2 所示，单击 Run 按钮，就可以编译和打包 Maven 项目。

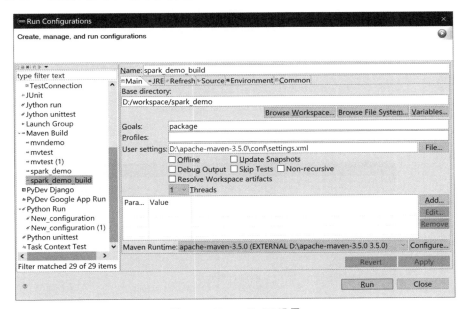

图 8-2　Maven Build 设置

在没有错误情况下，经过一会儿就可以在项目的 target 目录下找到生成的编译后的 JAR 文件，如图 8-3 所示。

**9．调试项目**

右击 Eclipse 项目，选择 Debug As → Debug Configurations 命令，打开 Debug Configurations 对话框。双击对话框左侧的 Java Application，新建一个 Debug Configuration，如图 8-4 所示，命名为 spark_demo

图 8-3　Maven Build 运行结果

_debug，设置 Project 为项目名称（应该已经设置好），设置 Main class（可以单击 Search 按钮进行选择），选择 Arguments 选项卡，设置 Arguments 为 out。

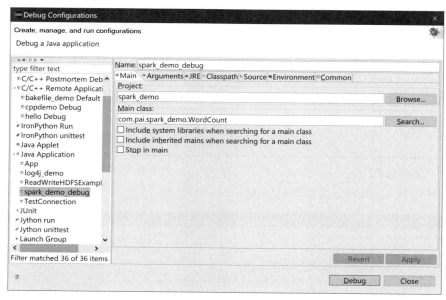

图 8-4 Debug Configurations

单击 Debug 按钮就可以对程序进行调试，如图 8-5 所示。

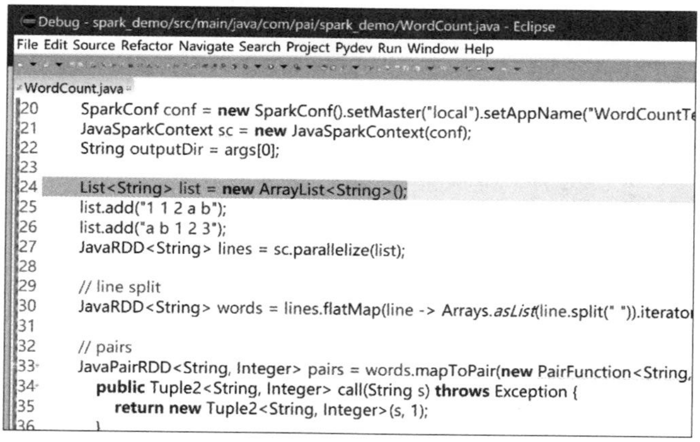

图 8-5 调试程序

**注意**：由于在代码里新建 SparkConf 时，把 Master 属性设置为 local，所以这里进行的是本地运行和调试，不是真正的分布式运行和调试。

如果需要在分布式的 Spark 集群中运行程序，并且对其进行调试，可参考文献[8]。

**10. 把结果写入文件**

如果在代码中把结果写入 out 目录下的文件，那么程序运行结束后，在项目根目录下就会生成一个 out 文件夹，底下有两个文件，即_SUCCESS 和 part-00000。

双击 part-00000，打开该文件，可以看到其内容，如图 8-6 所示。

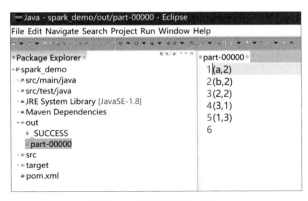

图 8-6　把结果写入文件

## 8.4　在 Windows 上安装 Maven 和配置 Eclipse

**1. 安装 Maven**

把面向 Windows 平台的压缩文件 apache-maven-3.5.0-bin.zip 解压缩到 D:\apache-maven-3.5.0 目录下。

**2. 设定环境变量**

右击"我的电脑"图标，在弹出的快捷菜单中选择"属性"命令，选择"高级系统设置"选项，单击"环境变量"按钮，在"系统变量"面板中，选择"新建"按钮，弹出"新建系统变量"对话框，输入"变量名"为 M2_HOME、"变量值"为 D:\apache-maven-3.5.0，单击"确定"按钮。

在"系统变量"面板中，选择 Path 环境变量，单击"编辑"按钮，增加一项为 D:\apache-maven-3.5.0\bin。

**3. 安装 Eclipse Maven 插件**

启动 Eclipse，选择 Help→Install New Software 命令，打开 Install New Software 的对话框，单击 Add 按钮，设置软件名称为 Maven，网址为 http://download.eclipse.org/technology/m2e/releases，如图 8-7 所示。单击 OK 按钮，完成安装 Eclipse Maven 插件。

图 8-7　安装 Eclipse Maven Plugin

然后重新启动 Eclipse。

**4. 配置 Eclipse Maven 插件**

在 Eclipse 中，选择 Window→Preferences 命令，弹出 Preferences 对话框，在对话框左侧选择 Maven 选项进行配置。

选择 Installations，选中 External 单选按钮，设置安装目录为 D:\apache-maven-3.5.0，如图 8-8 所示。

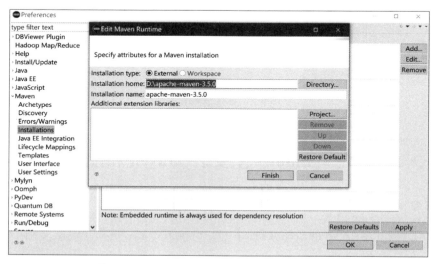

图 8-8　Eclipse Maven 插件的 Installations 设置

在 Preferences 对话框中，选择 User Settings，设置为 D:\apache-maven-3.5.0\conf\settings.xml，如图 8-9 所示。

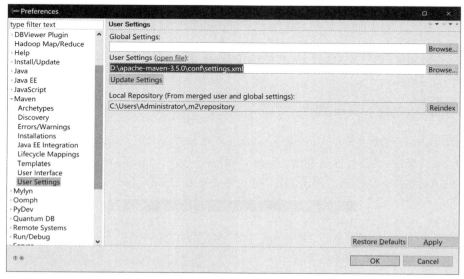

图 8-9　Eclipse Maven 插件的 User Settings 设置

至此，可以开始新建 Maven 项目，配置好项目的 pom.xml 文件后，利用 Maven 从网上下载各种依赖的 jar 包，无须手动设置。

5．新建 Maven 项目

新建 Maven 项目的过程如下，选择 File→New→Project 命令，弹出 New Maven Project 对话框，单击 Next 按钮，如图 8-10 所示。

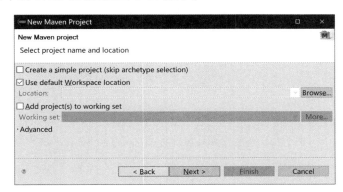

图 8-10　新建 Maven 项目的名称和位置

在弹出的 Select an Archetype 界面单击 Next 按钮，如图 8-11 所示。

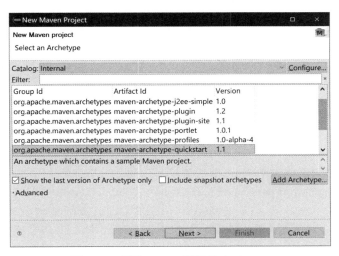

图 8-11　新建 Maven 项目的 Archetype

在 Group Id 和 Artifact Id 下拉列表框中输入 spark_demo2，如图 8-12 所示，然后单击 Finish 按钮即可。

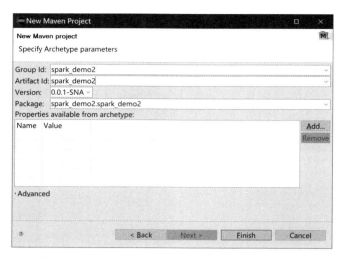

图 8-12　新建 Maven 项目的 Group Id 和 Artifact Id

## 8.5　思　考　题

1. 如何启动 spark-sql、pyspark、scala shell？
2. 如何配置和使用 Thrift Server？

## 参 考 文 献

[1]　Spark. Cluster Mode Overview[EB/OL].（2020-03-01）[2021-11-15]. http://spark.apache.org/docs/latest/cluster-overview.html.

[2]　Spark. Running Spark on YARN[EB/OL].（2020-03-01）[2021-11-15]. http://spark.apache.org/docs/latest/running-on-yarn.html.

[3]　Spark. High Availability：Standby Masters with Zookeeper[EB/OL].（2020-03-01）[2021-11-15]. http://spark.apache.org/docs/latest/spark-standalone.html#standby-masters-with-zookeeper.

[4]　Spark. Interactive Analysis with the Spark Shell[EB/OL].（2020-03-01）[2021-10-15]. https://spark.apache.org/docs/latest/quick-start.html.

[5]　Spark. Python Programming Guide[EB/OL].（2020-03-01）[2021-10-15]. https://spark.apache.org/docs/0.9.1/python-programming-guide.html.

[6]　XGogo. Spark History Server 配置实用[EB/OL].（2016-07-05）[2021-10-15]. http://www.cnblogs.com/seaspring/p/5644784.html.

[7]　宇毅. spark 本地调试运行 WordCount(Java 版 local 模式)[EB/OL].（2016-08-14）[2021-10-15]. https://blog.csdn.net/xsdxs/article/details/52203922.

[8]　四叶草 Grass. Spark 代码 Eclipse 远程调试[EB/OL].（2017-09-22）[2021-10-15]. https://www.cnblogs.com/yangcx666/p/8723808.html.

[9]　Apache. Installing Spark Standalone to a Cluster[EB/OL].（2020-03-01）[2021-09-15]. http://

spark.apache.org/docs/latest/spark-standalone.html.

[10] Apache. Spark SQL, DataFrames and Datasets Guide[EB/OL]. (2020-03-01)[2021-09-15]. http://spark.apache.org/docs/latest/sql-programming-guide.html.

[11] Sacha Barber. Introduction to Apache Spark[EB/OL]. (2015-09-01)[2021-09-15]. https://www.codeproject.com/articles/1023037/introduction-to-apache-spark#SBT.

[12] Spark. Apache Spark 入门（DataFrame＋Hive＋SparkSQL）[EB/OL]. (2015-07-03)[2021-09-20]. https://segmentfault.com/a/1190000002956074.

[13] Apache.Python Programming Guide[EB/OL]. (2020-03-01)[2021-12-12]. https://spark.apache.org/docs/0.9.1/python-programming-guide.html.

# 第 9 章 Spark SQL

本章介绍如何使用 spark-sql shell 查询本地文件（文本）、查询 HDFS 文件（文本）、查询和写入 HDFS Parquet 列存储格式文件等。本章还分析了一个 Spark SQL 的 JDBC Java 程序。

## ◆ 9.1 Spark SQL 简介

Spark SQL 是 Spark 平台最重要的组件之一。它提供了最新的 DataFrame API，支持 SQL 查询。Spark SQL 的核心是 Catalyst 优化器，Catalyst 支持基于规则和基于成本的查询优化。

Spark SQL 的查询执行流程如图 9-1 所示，包括以下 5 个阶段。

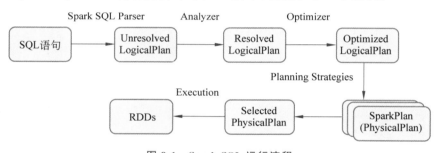

图 9-1 Spark SQL 运行流程

（1）解析器（Parser）将 SQL 语句通过词法和语法解析，生成未解析的逻辑计划（Unresolved LogicalPlan），然后在后续步骤中使用不同的规则（Rule），应用到该逻辑计划上。

（2）分析器（Analyzer）使用各种分析规则，配合元数据，对未解析的逻辑计划进行处理，转换成解析的逻辑计划。

（3）Catalyst 优化器（Optimizer）使用各种优化规则，对解析的逻辑计划进行合并、列裁剪和过滤器下推等优化工作，生成优化的逻辑计划。

（4）Planner 使用计划策略（Planning Strategies），对优化的逻辑计划进行转换，根据统计信息和代价模型，生成可以执行的物理计划，选择最优的物理计划，得到 SparkPlan。

（5）最后，真正执行（Execution）物理计划，调用 SparkPlan 的 execute 方法，对 RDD 进行处理，获得查询结果。

## 9.2 查询本地文件、HDFS 文件以及 HDFS Parquet 列存储格式文件

下面讲解如何启动 pyspark，以及如何使用 Python 语言查询本地文件、HDFS 文件及 HDFS Parquet 列存储格式文件。

首先，启动 HDFS 和 YARN。

```
rm -rf /opt/linuxsir/hadoop/logs/*.*
ssh root@192.168.31.130 rm -rf /opt/linuxsir/hadoop/logs/*.*
ssh root@192.168.31.131 rm -rf /opt/linuxsir/hadoop/logs/*.*

//分开启动
clear
cd /opt/linuxsir/hadoop/sbin
./start-dfs.sh
./start-yarn.sh
```

检查各个节点上相关进程是否正确启动。

```
clear
jps
ssh root@192.168.31.130 jps
ssh root@192.168.31.131 jps
```

启动 Hive Metastore，并且检查进程是否已经启动并绑定到特定端口。

```
cd /opt/linuxsir/hive
./bin/hive --service metastore -p 19083 &

//等待 Metastore 启动
netstat -lanp | grep 19083
```

启动 Spark，并且检查各个节点上相关进程是否正确启动。

```
cd /opt/linuxsir/spark
./sbin/start-all.sh

jps
ssh root@192.168.31.130 jps
ssh root@192.168.31.131 jps
```

启动 pyspark。

```
cd /opt/linuxsir/spark
MASTER=spark://hd-master:17077 ./bin/pyspark
```

如下 Python 代码从本地 JSON 文件读取内容，并且进行查询处理。JSON 文件包含了元信息，其内容被装载到 DataFrame。把 DataFrame 注册为临时视图，然后在上面运行 SQL。

```
from pyspark.sql import SparkSession

spark = SparkSession \
    .builder \
    .appName("Python Spark SQL basic example") \
    .config("spark.some.config.option", "some-value") \
    .getOrCreate()

df = spark.read.json("file:///opt/linuxsir/spark/examples/src/main/resources/people.json")
df.show()

df.createOrReplaceTempView("people")
sqlDF = spark.sql("SELECT * FROM people")
sqlDF.show()
```

如下 Python 代码从本地 TXT 文件读取内容，并且进行查询处理。people.txt 包含两列，分别是 name 列和 age 列，在代码中需要为文本文件动态建立模式，用这个模式解析每行数据，建立 DataFrame。把这个 DataFrame 注册为一个临时视图，然后在上面运行 SQL。

```
from pyspark.sql.types import *
sc = spark.sparkContext

lines = sc.textFile("file:///opt/linuxsir/spark/examples/src/main/resources/people.txt")
parts = lines.map(lambda l: l.split(","))
people = parts.map(lambda p: (p[0], p[1].strip()))

schemaString = "name age"
fields = [StructField(field_name, StringType(), True) for field_name in schemaString.split()]
schema = StructType(fields)
schemaPeople = spark.createDataFrame(people, schema)
```

```
schemaPeople.createOrReplaceTempView("people")
results = spark.sql("SELECT name FROM people")
results.show()
```

如下 Python 代码从 JSON 文件读取数据,写入 HDFS 的 Parquet 文件。如果需要用 Scala 语言读写 Parquet 文件格式,可参考文献[3]。然后再把 Parquet 文件读入,进行查询处理。

```
peopleDF = spark.read.json("file:///opt/linuxsir/spark/examples/src/main/resources/people.json")
peopleDF.show()
peopleDF.write.parquet("/input/people.parquet")

parquetFile = spark.read.parquet("/input/people.parquet")
parquetFile.createOrReplaceTempView("parquetFile")
teenagers = spark.sql("SELECT name FROM parquetFile WHERE age >= 13 AND age <= 19")
teenagers.show()

quit()
```

注意:上述 3 段 Python 代码是在一个 pyspark shell 里面运行的,以便保留必要的环境。

退出 pyspark,可以检查 HDFS 上的 Parquet 文件/input/people.parquet 是否生成了。需要注意的是,/input/people.parquet 是一个目录。

```
cd /opt/linuxsir/hadoop/bin
./hdfs dfs -ls /input
```

可以把这个文件删除,然后再实验上述代码。

```
cd /opt/linuxsir/hadoop/bin
./hdfs dfs -rmr /input/people.parquet
```

查看相关进程是否正常。

```
jps
ssh root@192.168.31.130 jps
ssh root@192.168.31.131 jps
```

停止 Spark。

```
cd /opt/linuxsir/spark
./sbin/stop-all.sh
```

停止 Metastore。

```
netstat -lanp | grep 19083
kill -9 16336      //16336是Metastore进程号
```

停止 YARN 和 HDFS。

```
cd /opt/linuxsir/hadoop/sbin
./stop-yarn.sh
./stop-dfs.sh
```

## 9.3 内置实例分析与 Java 开发

Spark SQL 提供 Thrift Server，可以编写 Java 客户端程序，通过 JDBC 连接到 Thrift Server，对数据进行操作。

这里介绍如何建立 Eclipse 开发环境（Windows），以及如何编写 Java 程序，通过 JDBC 存取 Thrift Server（Linux）。此外，文献[4]给出了一个实例，读者可以自行参考。

### 9.3.1 通过 SQL Explorer 插件存取 Spark SQL

可以在 Windows 上为 Eclipse 安装 SQL Explorer 插件，然后通过 SQL Explorer 连接 Spark Thrift Server，执行 SQL 查询。需要为 Eclipse 的 SQL Explorer 插件配置 Driver Class、URL、jar 包等。

打开 SQL Explorer（Eclipse 的一个插件，需要事先安装）的 Connections 视图，新建连接，并对连接进行属性设置。如果已经建立连接，如图 9-2 所示，可以右击连接，在弹出的快捷菜单中选择 Edit Connection Profile 命令，弹出 Change Connection Profile 对话框，如图 9-3 所示，对连接进行属性设置。需要设置连接的 Name、Driver、URL、User、Password 等属性。

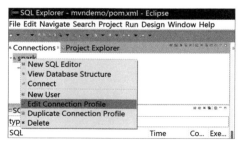

图 9-2　SQL Explorer 的 Edit Connection Profile

接着对 Spark Driver 进行设置，可以参考图 9-4。按照序号给出的操作步骤进行设置。这些操作的目的是新建或者编辑一个 Driver 类型，并且导入相关的 jar 包，指定 Driver Class Name 等。我们把 Spark 安装包解压缩在 Windows 的 D 盘上，然后把

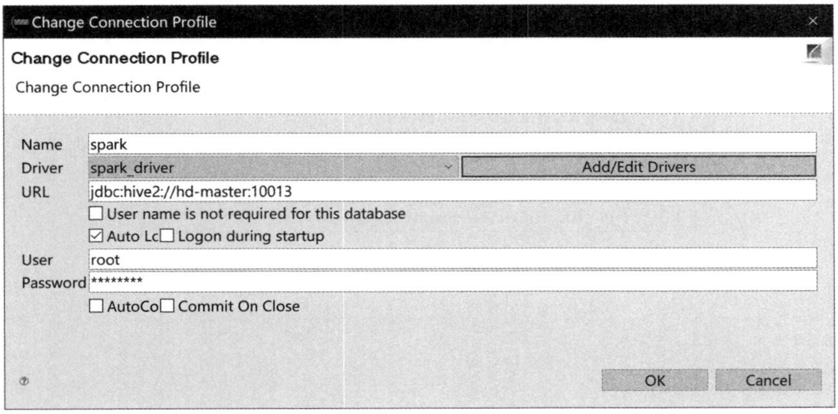

图 9-3　SQL Explorer 的 Connection Profile

D:\spark-2.1.1-bin-hadoop2.7\jar 目录下的 jar 包导入。

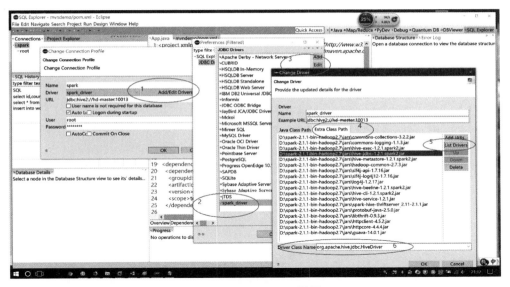

图 9-4　Spark Driver 设置

安装和配置好 SQL Explorer 插件以后，就可以连接到 Spark SQL 的 Thrift Server 运行 SQL 查询，查看查询的结果。

## 9.3.2　JDBC Java 编程

对于 Java 编程，和其他数据库的 JDBC 编程差别不大，只是需要为项目配置 Spark 的 jar 包。另外，在程序中需要对 Driver Class、URL、User Name 和 Password 进行设置，如图 9-5 所示。

完整的 Java 代码如下。这个实例首先建立到 Spark Thrift Server 的连接，然后执行 SQL，显示查询结果。

```
// connect to spark
// http://blog.csdn.net/u013468917/article/details/52748342
String url = "jdbc:hive2://192.168.31.129:10013/default";
try {
    Class.forName ("org.apache.hive.jdbc.HiveDriver");
} catch (ClassNotFoundException e) {
    // TODO Auto-generated catch block
    e.printStackTrace();
}
conn = DriverManager.getConnection (url, "root", "rootroot");
stmt = conn.createStatement();
```

图 9-5　Spark JDBC 编程代码实例（连接数据源）

```java
package com.pai.mvndemo;

import java.sql.Connection;
import java.sql.DriverManager;
import java.sql.ResultSet;
import java.sql.SQLException;
import java.sql.Statement;
public class App {
    public static void main(String[] args) throws SQLException {
        Connection conn;
        Statement stmt;
        ResultSet res;
        String sql;
        String url = "jdbc:hive2://192.168.31.129:10013/default";
        try {
            Class.forName("org.apache.hive.jdbc.HiveDriver");
        } catch (ClassNotFoundException e) {
            //TODO Auto-generated catch block
            e.printStackTrace();
        }
        conn = DriverManager.getConnection(url, "root", "rootroot");
        stmt = conn.createStatement();

        sql = "SELECT * FROM words";

        System.out.println("Running" + sql);
        res = stmt.executeQuery(sql);
        while (res.next()) {
            System.out.println("id: " + res.getInt(1) + "\tword: " + res.getString(2));
        }
    }
}
```

如果用 Maven 进行 Java 编程,利用 pom.xml 文件就可以很方便地进行项目依赖的设置,无须用户为项目导入 jar 包。pom.xml 文件的具体内容如下:

```xml
<project
  xmlns="http://maven.apache.org/POM/4.0.0"
  xmlns:xsi="http://www.w3.org/2001/XMLSchema-instance"
   xsi: schemaLocation =" http://maven. apache. org/POM/4. 0. 0 http://maven.
apache.org/xsd/maven-4.0.0.xsd">
  <modelVersion>4.0.0</modelVersion>

  <groupId>com.pai</groupId>
  <artifactId>mvndemo</artifactId>
  <version>0.0.1-SNAPSHOT</version>
  <packaging>jar</packaging>

  <name>mvndemo</name>
  <url>http://maven.apache.org</url>

  <properties>
    <project.build.sourceEncoding>UTF-8</project.build.sourceEncoding>
  </properties>

  <dependencies>
    <dependency>
      <groupId>junit</groupId>
      <artifactId>junit</artifactId>
      <version>3.8.1</version>
      <scope>test</scope>
    </dependency>

    <dependency>
        <groupId>org.apache.hive</groupId>
        <artifactId>hive-jdbc</artifactId>
        <version>1.2.1</version>
    </dependency>

    <dependency>
        <groupId>org.apache.hadoop</groupId>
        <artifactId>hadoop-common</artifactId>
        <version>2.7.3</version>
    </dependency>

    <dependency>
```

```xml
        <groupId>jdk.tools</groupId>
        <artifactId>jdk.tools</artifactId>
        <version>1.8</version>
        <scope>system</scope>
        <systemPath>C:/Program Files/Java/jdk1.8.0_131/lib/tools.jar</systemPath>
    </dependency>

  </dependencies>

</project>
```

关于如何安装 Maven，为 Eclipse 安装和配置 Maven 插件，以及新建 Maven 项目，可参考 8.4 节。

为了运行和调试该代码，应该在集群上顺序启动 HDFS、YARN、Hive Metastore、Spark 及 Spark SQL Thrift Server。结束以后，需要按照顺序停止 Spark SQL Thrift Server、Spark、Hive Metastore、YARN 及 HDFS。

## 9.4 思 考 题

1. 简述 Spark SQL 的查询处理过程。

2. 如何用 Spark SQL 存取本地文件文本、HDFS 文件文本和 HDFS Parquet 列存储格式文件？

## 参 考 文 献

[1] Spark. Programmatically Specifying the Schema[EB/OL].（2020-03-01）[2021-10-15]. https://spark.apache.org/docs/2.1.0/sql-programming-guide.html.

[2] Spark. Parquet Files[EB/OL].（2020-03-01）[2021-10-15]. https://spark.apache.org/docs/latest/sql-data-sources-parquet.html.

[3] Raymond. Write and Read Parquet Files in HDFS through Spark/Scala[EB/OL].（2017-08-01）[2021-10-15]. https://kontext.tech/column/spark/257/write-and-read-parquet-files-in-hdfs-through-sparkscala.

[4] 曹军. Spark SQL Thrift Server 服务的使用和程序中 JDBC 的连接[EB/OL].（2017-04-25）[2021-10-15]. https://www.shuzhiduo.com/A/amd0YnDDzg/.

[5] Apache. Spark SQL，DataFrames and Datasets Guide[EB/OL].（2020-03-01）[2021-12-12]. http://spark.apache.org/docs/latest/sql-programming-guide.html.

# 第 10 章 Spark MLlib

本章介绍如何使用 Spark MLlib 库，完成分类、聚类、线性回归、协同过滤推荐等机器学习任务。这些实例采用 Python 语言编写，通过 pyspark shell 完成实验。

## 10.1 MLlib 简介

传统的机器学习算法，由于单机存储的限制，只能在少量数据上运行，迫使人们有时需要首先对大数据进行抽样，才能进行后续处理。在数据抽样上进行机器学习，训练得到的模型不是很准确。随着 Hadoop(MapReduce)、Spark 等大数据平台的流行，在全量数据上进行学习已经成为可能。

在 Spark 平台上运行机器学习算法，相对于 MapReduce 计算平台区别如下。

（1）机器学习算法的计算，一般需要多次迭代，才能获得足够小的误差，最后达到收敛而停止。如果使用 Hadoop 的 MapReduce 计算框架，每次迭代都要读写磁盘，I/O 消耗很大。此外 Map/Reduce 任务的启动也消耗时间。

（2）Spark 是基于内存的计算模型，多次迭代直接在内存中完成，只有在必要时才会写入磁盘或者通过网络交换数据。Spark 是机器学习的理想平台。

MLlib 是 Spark 平台的机器学习组件，它直接操作 RDD，天生就可以与 Spark SQL、GraphX、Spark Streaming 等组件无缝集成。MLlib 目前支持 4 种常见的机器学习问题：分类、聚类、线性回归和协同过滤。

Spark 机器学习库从 1.2 版本以后被分为以下两个包。

（1）spark.mllib：包含基于 RDD 的原始算法 API。

（2）spark.ml：提供了基于 DataFrame 的高层次的 API，可以用来构建机器学习流水线（PipeLine），有利于在整个工作流中集成特征抽取、转换功能。此外，在 DataFrame 基础上，Spark 提供了跨语言的统一的 API，有利于开发人员掌握 Spark 编程。Spark 官方推荐使用 ml，因为 ml 功能更全面、更灵活，Spark 未来主要支持 ml（在 Spark 3.0 中，mllib 将被彻底废弃）。表 10-1 列出了 MLlib 支持的主要机器学习算法。

表 10-1　MLlib 支持的主要机器学习算法

| 项　目 | 离　散　数　据 | 连　续　数　据 |
|---|---|---|
| 有监督学习 | Classification、Logistic Regression、SVM（Support Vector Machines）、Decision Tree、Random Forest、Naive Bayes、Multilayer Perceptron、GBT（Gradient Boosting Tree）、One Vs Rest 等 | Linear Regression、Regression Decision Tree、Random Forest、GBT、AFTSurvivalRegression、IsotonicRegression 等 |
| 无监督学习 | K-means Clustering、Bisecting K-means、Gaussian Mixture Model、PIC（Power Iteration Clustering）、LDA（Latent Dirichlet Allocation）等 | Dimensionality Reduction、Matrix Factorization、PCA（Principal Component Analysis）、SVD（Singular Value Decomposition）、ALS（Alternating Least Squares）、WLS（Weighted Least Squares）等 |

## 10.2　启动平台软件

为了运行本章介绍的机器学习实例，需要启动相关的大数据平台软件。

具体来说，需要启动 HDFS、YARN、Hive Metastore 及 Spark。具体的命令如下：

```
rm -rf /opt/linuxsir/hadoop/logs/*.*
ssh root@192.168.31.130 rm -rf /opt/linuxsir/hadoop/logs/*.*
ssh root@192.168.31.131 rm -rf /opt/linuxsir/hadoop/logs/*.*

clear
cd /opt/linuxsir/hadoop/sbin
./start-dfs.sh
./start-yarn.sh

clear
jps
ssh root@192.168.31.130 jps
ssh root@192.168.31.131 jps

cd /opt/linuxsir/hive
./bin/hive --service metastore -p 19083 &

//等待 Metastore 启动
netstat -lanp | grep 19083      //确认 Metastore 已经在 19083 端口监听

cd /opt/linuxsir/spark
./sbin/start-all.sh

jps
```

```
ssh root@192.168.31.130 jps
ssh root@192.168.31.131 jps
```

启动完成后,需要运行 pyspark,以便运行分类、聚类、线性回归和协同过滤等机器学习实例,这些实例用 Python 语言来编写。

```
cd /opt/linuxsir/spark
MASTER=spark://hd-master:17077 ./bin/pyspark

//退出用 quit()
```

完成机器学习实例的实验后,按照逆序停止上述软件。具体的命令如下:

```
cd /opt/linuxsir/spark
./sbin/stop-all.sh

netstat -lanp | grep 19083
kill -9 16336          //16336 是 Metastore 进程号

cd /opt/linuxsir/hadoop/sbin
./stop-yarn.sh
./stop-dfs.sh

jps
ssh root@192.168.31.130 jps
ssh root@192.168.31.131 jps
```

## ◆ 10.3 分 类 实 例

MLlib 提供了大量的分类算法,包括 Logistic Regression、Decision Tree、Random Forest、GBT(Gradient-Boosted Tree)、Multilayer Perceptron、SVM、One-vs-Rest、Naive Bayes 等。

这些算法的实例都可以在/opt/linuxsir/spark/examples 目录下找到,数据文件则在/opt/linuxsir/spark/data 目录下。

对基于决策树分类的示例代码[①],分析如下。

导入必要的类。

```
from pyspark.ml import Pipeline
from pyspark.ml.classification import DecisionTreeClassifier
```

---

① /opt/linuxsir/spark/examples/src/main/python/ml/decision_tree_classification_example.py。

```
from pyspark.ml.feature import StringIndexer, VectorIndexer
from pyspark.ml.evaluation import MulticlassClassificationEvaluator
```

创建 SparkSession。

```
spark = SparkSession\
    .builder\
    .appName("DecisionTreeClassificationExample")\
    .getOrCreate()
```

装载数据文件到内存,形成 DataFrame。

```
# Load the data stored in LIBSVM format as a DataFrame.
data = spark.read.format("libsvm").load("file:///opt/linuxsir/spark/data/
mllib/sample_libsvm_data.txt")
```

数据文件具有特定的格式,其中每行具有如下的形式:

```
0 128:51 129:159 130:253 131:159 132:50 155:48 156:238 157:252 158:252 159:252…
```

数据格式如下。

```
标签 特征 1 特征 2 特征 3 …
```

对于二值分类,标签有两个取值,即 0 和 1。由于每个样本为一个稀疏的高维向量(关于高维稀疏向量的表示可以参考文献[1]),所以对于每个特征采用"特征编号:特征值"的编码方式,如 128:51,表示第 128 号特征取值为 51,没有列出来的其他特征取默认值(0)。

把每行数据的字符型标签(label)映射到一个整数(indexedLabel)。

```
# Index labels, adding metadata to the label column.
# Fit on whole dataset to include all labels in index.
labelIndexer = StringIndexer(inputCol="label", outputCol="indexedLabel").
fit(data)
```

对不同值的数量小于或等于 4 的特征,认为是离散特征,每个特征的取值映射到一个整数。对于其他特征,则认为是连续型特征。

```
# Automatically identify categorical features, and index them.
# We specify maxCategories so features with > 4 distinct values are treated as
# continuous.
featureIndexer =\
    VectorIndexer(inputCol=" features", outputCol=" indexedFeatures",
maxCategories=4).fit(data)
```

划分训练数据集和测试数据集。

```
#Split the data into training and test sets (30% held out for testing)
(trainingData, testData) = data.randomSplit([0.7, 0.3])
```

创建 DecisionTreeClassifier 类的一个对象,即决策树模型。

```
#Train a DecisionTree model.
dt = DecisionTreeClassifier(labelCol="indexedLabel", featuresCol=
"indexedFeatures")
```

建立流水线,包含数据预处理和决策树模型等不同构件,这些构件也可以看作是数据处理的不同阶段。

```
#Chain indexers and tree in a Pipeline
pipeline = Pipeline(stages=[labelIndexer, featureIndexer, dt])
```

把训练数据馈入流水线,训练机器学习模型。

```
#Train model.  This also runs the indexers.
model = pipeline.fit(trainingData)
```

利用已经训练好的模型,进行预测。

```
#Make predictions.
predictions = model.transform(testData)
```

显示模型的预测结果,最多显示 5 条。

```
#Select example rows to display.
predictions.select("prediction", "indexedLabel", "features").show(5)
```

对模型进行评价,评价指标是模型的正确率(Accuracy)。
在下文中,模型有时指的是机器学习模型,有时指的是完整的流水线。

```
#Select (prediction, true label) and compute test error
evaluator = MulticlassClassificationEvaluator(
    labelCol =" indexedLabel", predictionCol =" prediction", metricName ="
accuracy")
accuracy = evaluator.evaluate(predictions)
print("Test Error = %g " % (1.0 - accuracy))
```

显示训练后的决策树的信息。

```
treeModel = model.stages[2]
```

```
# summary only
print(treeModel)
```

停止 SparkSession。

```
spark.stop()
```

文献[2]给出了对文本进行分类的例子,对其进行分析如下。
上传数据文件到 HDFS。

```
cd /opt/linuxsir/hadoop/bin
./hdfs dfs -copyFromLocal /opt/linuxsir/20ng-train-all-terms.txt /input
./hdfs dfs -copyFromLocal /opt/linuxsir/20ng-test-all-terms.txt /input
./hdfs dfs -ls /input
```

启动 pyspark shell,运行如下代码。
导入必要的类。

```
from pyspark import SparkContext
from pyspark.sql import Row
from pyspark.sql import SparkSession
from pyspark.ml.feature import CountVectorizer
from pyspark.ml.feature import StringIndexer
from pyspark.ml.classification import NaiveBayes
from pyspark.ml.evaluation import MulticlassClassificationEvaluator
from pyspark.ml import Pipeline
```

创建 SparkSession。

```
sc = SparkContext()
spark = SparkSession.builder.getOrCreate()
```

定义数据装载函数。

```
def load_data(path):
    rdd = sc.textFile(path).\
        map(lambda line: line.split()).map(lambda word: Row(label=word[0], words=word[1:]))
    return spark.createDataFrame(rdd)
```

装载训练集和测试集。

```
train_data = load_data("/input/20ng-train-all-terms.txt")
test_data = load_data("/input/20ng-test-all-terms.txt")
```

创建 CountVectorizer、StringIndexer 及 NaiveBayes 分类器。

```
vectorizer = CountVectorizer(inputCol = 'words',outputCol='bag_of_words')
label_indexer = StringIndexer(inputCol = 'label', outputCol = 'label_index')
classifier_naive = NaiveBayes(labelCol = 'label_index', \
    featuresCol = 'bag_of_words', predictionCol ='label_pred')
```

在 CountVectorizer、StringIndexer 及 NaiveBayes 分类器的基础上构建 Pipeline,并且用训练数据进行训练。

```
pipeline = Pipeline(stages = [vectorizer, label_indexer, classifier_naive])
pipeline_model = pipeline.fit(train_data)
```

利用测试集进行验证,计算分类器的正确率。

```
test_pred = pipeline_model.transform(test_data)
evaluator = MulticlassClassificationEvaluator(labelCol = 'label_index', \
    predictionCol = 'label_pred', metricName = 'accuracy')
accuracy = evaluator.evaluate(test_pred)
print('NaiveBayes model accuracy_score = {:.2f}'.format(accuracy))
```

该 NaiveBayes 分类器的正确率为 0.80,可以接受。

提取并显示测试集的前 30 行预测结果。

```
test_pred.select("label", "words", "label_index", "label_pred").show(30)
```

对单独一行数据进行预测。

```
one_row_all = ['alt.atheism re societally acceptable behavior in qvh tinnsg
citation ksu ksu edu yohan citation ksu ksu edu jonathan w newton writes in
article c qgm dl news cso uiuc edu cobb alexia lis uiuc edu mike cobb writes
merely a question for the basis of morality moral ethical behavior societally
acceptable behavior i disagree with these what society thinks should be
irrelevant what the individual decides is all that is important this doesn t
seem right if i want to kill you i can because that is what i decide who is
society i think this is fairly obvious not really if whatever a particular
society mandates as ok is ok there are always some in the society who disagree
with the mandates so which societal mandates make the standard for morality how
do they define what is acceptable generally by what they feel is right which is
the most idiotic policy i can think of so what should be the basis unfortunately
i have to admit to being tied at least loosely to the feeling in that i think we
intuitively know some things to be wrong awfully hard to defend though how do we
keep from a whatever is legal is what is moral position by thinking for
ourselves i might agree here just because certain actions are legal does not
```

```
make them moral mac michael a cobb and i won t raise taxes on the middle
university of illinois class to pay for my programs champaign urbana bill
clinton rd debate cobb alexia lis uiuc edu with new taxes and spending cuts we ll
still have billion dollar deficits michael a cobb and i won t raise taxes on the
middle university of illinois class to pay for my programs champaign urbana
bill clinton rd debate cobb alexia lis uiuc edu nobody can explain everything to
anybody g k chesterton']
one_row_all_rdd = sc.parallelize(one_row_all)

one_row_rdd = one_row_all_rdd.map(lambda line:line.split()).map(lambda word:
Row(label=word[0],words=word[1:]))
one_row_df = spark.createDataFrame(one_row_rdd)

one_row_pred = pipeline_model.transform(one_row_df)
one_row_pred.select("label", "words", "label_index", "label_pred").show(30)
```

最后停止 SparkSession。

```
spark.stop()
```

## 10.4 聚类实例

MLlib 提供 $K$-means、Latent Dirichlet allocation（LDA）、Bisecting $K$-means、Gaussian Mixture Model（GMM）等聚类算法。

对基于 $K$-means 算法的示例代码[①]，分析如下。

导入必要的类。

```
from pyspark.ml.clustering import KMeans
from pyspark.sql import SparkSession
```

创建 SparkSession。

```
spark = SparkSession\
    .builder\
    .appName("KMeansExample") \
    .getOrCreate()
```

装载数据。

---

① /opt/linuxsir/spark/examples/src/main/python/ml/kmeans_example.py。

```
#Loads data.
dataset = spark.read.format("libsvm").load("file:///opt/linuxsir/spark/
data/mllib/sample_kmeans_data.txt")
```

数据文件具有特定的格式,文件内容如下:

```
0 1:0.0 2:0.0 3:0.0
1 1:0.1 2:0.1 3:0.1
2 1:0.2 2:0.2 3:0.2
3 1:9.0 2:9.0 3:9.0
4 1:9.1 2:9.1 3:9.1
5 1:9.2 2:9.2 3:9.2
```

每行的第一个数字为序号,接着是每个特征的取值,每个特征采用"特征编号:特征值"的编码方式。

创建 $K$-means 模型,并进行训练。

```
#Trains a k-means model.
kmeans = KMeans().setK(2).setSeed(1)
model = kmeans.fit(dataset)
```

利用训练好的模型进行预测,即预测每个数据点的聚类。

```
#Make predictions
predictions = model.transform(dataset)
predictions.select("prediction", "label", "features").show(5)
```

对 $K$-means 模型进行评价。

```
#Evaluate clustering by computing Within Set Sum of Squared Errors.
wssse = model.computeCost(dataset)
print("Within Set Sum of Squared Errors = " + str(wssse))
```

显示类簇的中心。

```
#Shows the result.
centers = model.clusterCenters()
print("Cluster Centers: ")
for center in centers:
    print(center)
```

停止 SparkSession。

```
spark.stop()
```

## 10.5 线性回归

MLlib 提供了 Linear Regression、Generalized Linear Regression、Decision Tree Regression、Random Forest Regression、Gradient-Boosted Tree Regression、Survival Regression、Isotonic Regression 等回归算法。

对基于 Linear Regression 算法的示例代码[①]，分析如下。

导入必要的类。

```
from pyspark.ml.regression import LinearRegression
from pyspark.sql import SparkSession
```

创建 SparkSession。

```
spark = SparkSession\
    .builder\
    .appName("LinearRegressionWithElasticNet")\
    .getOrCreate()
```

装载数据，准备训练机器学习模型。

```
# Load training data
training = spark.read.format("libsvm")\
    .load("file:///opt/linuxsir/spark/data/mllib/sample_linear_regression_data.txt")
```

数据文件具有特定的格式，每行的格式如下。

```
-9.490009878824548 1:0.4551273600657362 2:0.36644694351969087
3:-0.382561089334680474:-0.44584301985172675:0.33109790358914726
6:0.8067445293443565 7:-0.2624341731773887 8:-0.44850386111659524
9:-0.07269284838169332 10:0.5658035575800715
```

第一个数值表示因变量，接着是每个特征的取值，每个特征采用"特征编号：特征值"的编码方式。

创建线性回归模型，并进行训练。

```
lr = LinearRegression(maxIter=10, regParam=0.3, elasticNetParam=0.8)

# Fit the model
lrModel = lr.fit(training)
```

---

① /opt/linuxsir/spark/examples/src/main/python/ml/linear_regression_with_elastic_net.py。

显示线性回归模型的(各个变量的)系数和截距。

```
#Print the coefficients and intercept for linear regression
print("Coefficients: %s" % str(lrModel.coefficients))
print("Intercept: %s" % str(lrModel.intercept))
```

显示迭代次数和目标函数变化情况(一般为均方根误差(Root Mean Square Error，RMSE))。

```
#Summarize the model over the training set and print out some metrics
trainingSummary = lrModel.summary
print("numIterations: %d" % trainingSummary.totalIterations)
print("objectiveHistory: %s" % str(trainingSummary.objectiveHistory))
```

显示模型的残差、RMSE 指标和 $R^2$ 指标。

```
trainingSummary.residuals.show()
print("RMSE: %f" % trainingSummary.rootMeanSquaredError)
print("r2: %f" % trainingSummary.r2)
```

停止 SparkSession。

```
spark.stop()
```

## 10.6 协同过滤推荐

MLlib 提供了协同过滤推荐(Collaborative Filtering)算法用于推荐。Collaborative Filtering 算法的示例代码[①]分析如下。

导入必要的类。

```
from pyspark.sql import SparkSession
from pyspark.ml.evaluation import RegressionEvaluator
from pyspark.ml.recommendation import ALS
from pyspark.sql import Row
```

创建 SparkSession。

```
spark = SparkSession\
    .builder\
    .appName("ALSExample")\
    .getOrCreate()
```

---

① /opt/linuxsir/spark/examples/src/main/python/ml/als_example.py。

读取数据文件。文件采用特殊的格式,前五行内容如下。每行由::分隔的 3 个数组成,这 3 个数分别表示用户 ID、电影 ID 及评分。

```
0::2::3
0::3::1
0::5::2
0::9::4
0::11::1
```

对数据文件的处理过程是,读取 sample_movielens_ratings.txt 形成内存 RDD。接着用::作为间隔符切割 RDD 的每行。然后把每行切割下来的第 1 个、第 2 个、第 3 个、第 4 个成分,分别解释为 int、int、float、long 等类型,分别赋予 userId、movieId、rating、timestamp,构造一个 Row 对象,重新组织成一个新的 RDD,即 ratingsRDD。

```
lines = spark.read.text("file:///opt/linuxsir/spark/data/mllib/als/sample_movielens_ratings.txt").rdd
parts = lines.map(lambda row: row.value.split("::"))
ratingsRDD = parts.map(lambda p: Row(userId=int(p[0]), movieId=int(p[1]),
    rating=float(p[2]), timestamp=long(p[3])))
```

创建 DataFrame,并且进行训练集和测试集的划分。

```
ratings = spark.createDataFrame(ratingsRDD)
(training, test) = ratings.randomSplit([0.8, 0.2])
```

创建交替最小二乘法(Alternating Least Squares,ALS)模型,并进行训练。ALS 模型的原理简述如下。

ALS 是统计分析中常用的一种逼近计算的算法。ALS 的基础是最小二乘法(Least Squares,LS),这是一种常用的机器学习算法,通过最小化误差的平方和,寻找数据的最佳函数匹配。

假设现有用户对电影的评分矩阵为 $M$,有很多的空缺项,即 $M$ 是个稀疏矩阵。

可以把这个评分矩阵,分解成两个矩阵,即 $U$ 和 $V$,$U$ 是用户的特征矩阵,$V$ 是电影的特征矩阵,两个矩阵都不是稀疏矩阵,$M = U^T V$,如图 10-1 所示。

$$\begin{pmatrix} 5 & 3 & 5 \\ 4 & 2 & 1 \\ 0 & 3 & 3 \end{pmatrix} = \begin{pmatrix} 1 & -4 & 1 \\ -2 & 0 & -3 \\ 0 & -5 & 1 \end{pmatrix}^T \begin{pmatrix} -1 & 0 & -2 \\ 4 & -4 & 1 \\ 0 & 2 & 2 \end{pmatrix}$$

利用 ALS 算法进行求解的过程中,先固定矩阵 $U$,求取 $V$ 矩阵,然后再固定矩阵 $V$,求取 $U$ 矩阵。这样交替迭代计算,直到误差达到一定的阈值,或者达到一定的迭代次数为止。

求得 $U$ 和 $V$ 之后就可以进行推荐了。

(1) 基于用户的推荐:利用用户特征矩阵 $U$,就可以计算用户相似度。给用户 $u$ 进行推荐时,就可以利用它的 $k$ 个近邻。$k$ 个近邻评价比较高(看过觉得好)的电影,可以推荐

|  | Rating Matrix($N×M$) | | |
|---|---|---|---|
|  | Movie1 | Movie2 | Movie3 |
| User1 | 5 | 3 | 5 |
| User2 | 4 | 2 | 1 |
| User3 | 0 | 3 | 3 |

*M*

|  | User Feature Matrix($F×N$) | | |
|---|---|---|---|
|  | User1 | User2 | User3 |
| F1 | 1 | −4 | 1 |
| F2 | −2 | 0 | −3 |
| F3 | 0 | −5 | 1 |

*U*

|  | Movie Feature Matrix($F×M$) | | |
|---|---|---|---|
|  | Movie1 | Movie2 | Movie3 |
| F1 | −1 | 0 | −2 |
| F2 | 4 | −4 | 1 |
| F3 | 0 | 2 | 2 |

*V*

图 10-1　ALS 原理

给用户 $u$。

（2）基于物品的推荐：假设用户 $u$ 看过电影 $m_1$ 和 $m_2$，并且对这两部电影的评分比较高。这样就可以根据电影特征矩阵，找出和 $m_1$、$m_2$ 相似的电影。利用用户对电影 $m_1$ 和 $m_2$ 的评分作为权重，适当对这些电影进行排序，推荐给用户 $u$。

```
#Build the recommendation model using ALS on the training data
als = ALS(maxIter=5, regParam=0.01, userCol="userId", itemCol="movieId",
          ratingCol="rating")
model = als.fit(training)
```

可以把 ALS 模型的 coldStartStrategy 设置为 drop，以便保证不会得到无效数值（Not a Number，NaN）的分值（Evaluation Metrics），即把代码改为

```
als = ALS(maxIter=5, regParam=0.01, userCol="userId", itemCol="movieId",
          ratingCol="rating", coldStartStrategy="drop")
```

用测试集进行预测，评价指标是 RMSE。

```
#Evaluate the model by computing the RMSE on the test data
predictions = model.transform(test)
evaluator = RegressionEvaluator(metricName="rmse", labelCol="rating",
                                predictionCol="prediction")
rmse = evaluator.evaluate(predictions)
print("Root-mean-square error = " + str(rmse))
```

如下代码显示 30 部 userId 为 28 的用户、预测评分高的电影。

```
#predict
predictions = model.transform(test)

#select some columns
```

```
sub_predict = predictions.select("userId", "movieId", "rating","prediction")
sub_predict.show(30)

#select userId = 28
sub_predict = sub_predict[ sub_predict['userId'].isin([28])]
sub_predict.show(30)

#sort asc
sub_predict = sub_predict.orderBy("prediction")
sub_predict.show(30)

#sort desc
from pyspark.sql.functions import desc
sub_predict = sub_predict.orderBy(desc("prediction"))
sub_predict.show(30)
```

停止 SparkSession。

```
spark.stop()
```

如下代码为每个用户各推荐 10 部电影,并且为每部电影各推荐 10 个用户。
注意:Spark 2.2.0 以上版本才支持如下接口。

```
#Generate top 10 movie recommendations for each user
userRecs = model.recommendForAllUsers(10)

#Generate top 10 user recommendations for each movie
movieRecs = model.recommendForAllItems(10)
```

如下代码为特定用户各推荐 10 部电影,并且为特定电影各推荐 10 个用户。
注意:Spark 2.2.0 以上版本才支持如下接口。

```
#Generate top 10 movie recommendations for a specified set of users
users = ratings.select(als.getUserCol()).distinct().limit(3)
userSubsetRecs = model.recommendForUserSubset(users, 10)

#Generate top 10 user recommendations for a specified set of movies
movies = ratings.select(als.getItemCol()).distinct().limit(3)
movieSubSetRecs = model.recommendForItemSubset(movies, 10)
```

## 10.7 思 考 题

1. 简述 MLlib 的算法库。
2. 简述 MLlib 如何实现分布式机器学习模型的训练。

# 参 考 文 献

[1] Spark. MLlib Data Types[EB/OL]. (2020-03-01)[2021-10-15]. https://spark.apache.org/docs/1.1.0/mllib-data-types.html.

[2] ayoyu. Spark ML Classification of Texts[EB/OL]. (2018-07-11)[2021-10-15]. https://github.com/ayoyu/Spark_ML_Classification_of_texts.

[3] Spark. pyspark.ml.recommendation module[EB/OL]. (2020-03-01)[2021-10-15]. http://spark.apache.org/docs/2.1.1/api/python/pyspark.ml.html#pyspark.ml.recommendation.ALS.

[4] Apache. Machine Learning Library (MLlib) Guide[EB/OL]. (2020-03-01)[2021-12-12]. https://spark.apache.org/docs/latest/ml-guide.html.

[5] HyukjinKwon. Spark MLlib Examples[EB/OL]. (2020-07-15)[2021-12-15]. https://github.com/apache/spark/tree/master/examples/src/main/python/mllib.

[6] Mevlut Turker Garip. Spark Machine Learning Library Tutorial[EB/OL]. (2015-12-01)[2021-12-15]. http://web.cs.ucla.edu/~mtgarip/index.html.

[7] Spark. pyspark.ml.recommendation[EB/OL]. (2020-03-01)[2021-10-15]. http://spark.apache.org/docs/2.2.0/api/python/pyspark.ml.html#module-pyspark.ml.recommendation.

# 第11章 Spark GraphX

GraphX 是 Spark 平台的图数据处理组件，本章介绍 GraphX 的基本原理，并且剖析了 PageRank 实例。该实例用 Scala 语言编写，通过 scala shell 完成实验。

## 11.1 GraphX 简介

GraphX 是 Spark 的一个组件，用于对图数据进行分析。GraphX 对 Spark 的 RDD 进行了扩展，使之可以用来描述图数据。Spark 的图是一种有向的属性图，即可以给顶点和边设置属性。

为了支持图数据的处理和分析，GraphX 实现了一系列基本操作符(Operator)，包括子图(SubGraph)、顶点连接(JoinVertices)及消息聚集(AggregateMessages)等。此外，GraphX 还提供了 Pregel API 的变种，方便用户编程。在此基础上，GraphX 已经实现了一批图数据处理算法，以加快用户开发图数据处理软件。

正如上文所述，GraphX 的属性图是一种有向图，它的顶点和边被赋予了各种属性(标签)。图 11-1 展示了一个简单的属性图。例如，Id 为 3 的顶点有两个

Property Graph

Vertex Table

| Id | Property(V) |
|---|---|
| 3 | (rxin,student) |
| 7 | (jgonzal,postdoc) |
| 5 | (franklin,professor) |
| 2 | (istoica,professor) |

Edge Table

| SrcId | DstId | Property(E) |
|---|---|---|
| 3 | 7 | Collaborator |
| 5 | 3 | Advisor |
| 2 | 5 | Colleague |
| 5 | 7 | PI |

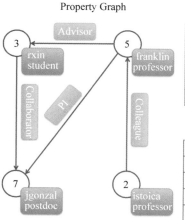

图 11-1 GraphX 的属性图

标签,即 rxin 和 student,而 Id 为 5 的顶点有两个标签,即 franklin 和 professor。从顶点 5 到顶点 7 有一条边,这条边有一个标签,即 PI。

图 11-1 描述了若干教授(professor)、博士后(postdoc)、学生(student)之间的导师(Advisor)、同事(Colleague)、合作者(Collaborator)、项目负责人(Principal Investigator,PI)的关系。

可以使用如下代码建立这个属性图。对照代码和图 11-1 不难理解每个语句的含义。

```
import org.apache.spark.graphx.{Edge, Graph, VertexId}
import org.apache.spark.rdd.RDD
import org.apache.spark.{SparkConf, SparkContext}

val conf = new SparkConf().setAppName("MyGraphX")
//val sc = new SparkContext(conf)
//Assume the SparkContext has already been constructed

//Create an RDD for the vertices
val users: RDD[(VertexId, (String, String))] =
  sc.parallelize(Array((3L, ("rxin", "student")), (7L, ("jgonzal", "postdoc")),
                      (5L, ("franklin", "prof")), (2L, ("istoica", "prof"))))
//Create an RDD for edges
val relationships: RDD[Edge[String]] =
  sc.parallelize(Array(Edge(3L, 7L, "collab"),Edge(5L, 3L, "advisor"),
                      Edge(2L, 5L, "colleague"), Edge(5L, 7L, "pi")))
//Define a default user in case there are relationship with missing user
val defaultUser = ("John Doe", "Missing")
//Build the initial Graph
val graph = Graph(users, relationships, defaultUser)
```

注意:在 spark shell 里,已经自动建立了一个内置的 SparkContext。

属性图建立好以后,可以对顶点和边进行查询。下面的代码把顶点的第二个属性为 postdoc 的顶点查出,把 srcId 大于 dstId 的边查出,最后把 dstId 为 7 的边查出。

```
//Count all users which are postdocs
val verticesCount = graph.vertices.filter { case (id, (name, pos)) => pos == "postdoc" }.count
println(verticesCount)

//Count all the edges where src > dst
val edgeCount = graph.edges.filter(e => e.srcId > e.dstId).count
println(edgeCount)

//Count dstId is 7
val edgeCount = graph.edges.filter(e => e.dstId ==7L ).count
```

```
println(edgeCount )

//show edges who dstId is 7
val someEdges = graph.edges.filter(e => e.dstId ==7L )
someEdges.glom().collect()
```

这段代码是用 Scala 编写的,可以用 spark shell(Scala)来运行。启动 spark shell 的命令如下:

```
cd /opt/linuxsir/spark/bin
MASTER=spark://hd-master:17077 ./spark-shell

//退出用 quit
```

## 11.2 PageRank

在 Spark 软件包的/opt/linuxsir/spark/data/graphx 目录下有 users.txt 及 follower.txt 两个文件,分别存储用户和用户的关系。这两个文件具有特定的格式。

users.txt 文件的内容如下。每行表示一个节点,首先是节点编号,其次是节点名称,最后是节点描述。

```
1,BarackObama,Barack Obama
2,ladygaga,Goddess of Love
3,jeresig,John Resig
4,justinbieber,Justin Bieber
6,matei_zaharia,Matei Zaharia
7,odersky,Martin Odersky
8,anonsys
```

follower.txt 文件的内容如下。每行表示一条边,每条边用开始节点编号和结束节点编号表示。

```
2 1
4 1
1 2
6 3
7 3
7 6
6 7
3 7
```

可以在这个数据集上运行 PageRank 算法,计算每个用户的 PageRank 值。

对于 PageRank 的示例代码(用 Scala 语言缩写①),具体分析如下。
导入必要的类。

```
import org.apache.spark.graphx.GraphLoader
```

装载数据集,把边表(即关系表)装载进来,创建 graph。

```
//Load the edges as a graph
val graph = GraphLoader.edgeListFile(sc, "file:///opt/linuxsir/spark/data/
graphx/followers.txt")
```

运行 PageRank 算法。

```
//Run PageRank
val ranks = graph.pageRank(0.0001).vertices
```

把算出的 PageRank 值和 User 数据做关联,以便显示每个用户的 PageRank,而不是把用户的编号显示出来。

```
//Join the ranks with the usernames
val users = sc.textFile("file:///opt/linuxsir/spark/data/graphx/users.
txt").map { line =>
  val fields = line.split(",")
  (fields(0).toLong, fields(1))
}
val ranksByUsername = users.join(ranks).map {
  case (id, (username, rank)) => (username, rank)
}
```

显示结果。

```
//Print the result
println(ranksByUsername.collect().mkString("\n"))
```

输出结果如下:

```
(justinbieber,0.15)
(matei_zaharia,0.7013599933629602)
(ladygaga,1.390049198216498)
(BarackObama,1.4588814096664682)
(jeresig,0.9993442038507723)
(odersky,1.2973176314422592)
```

---

① /opt/linuxsir/spark/examples/src/main/scala/org/apache/spark/examples/graphx/PageRankExample.scala。

这段代码是用 Scala 编写的,可以用 spark shell(Scala)来运行。启动 spark shell 的命令如下:

```
cd /opt/linuxsir/spark/bin
MASTER=spark://hd-master:17077 ./spark-shell

//退出用 quit
```

## 11.3 思 考 题

1. 简述 GraphX 的属性图。
2. 简述 GraphX 的算法库和应用场景。

## 参 考 文 献

[1] Spark. GraphX Programming Guide[EB/OL].(2020-03-01)[2021-10-15]. https://spark.apache.org/docs/2.1.0/graphx-programming-Guide.html.

[2] 君恒一生. Spark GraphX[EB/OL].(2019-04-30)[2021-10-15]. https://www.cnblogs.com/chenmingjun/p/10797753.html.

[3] Apache. Graph Programming Guide[EB/OL].(2020-03-01)[2021-11-10]. https://spark.apache.org/docs/latest/graphx-programming-guide.html.

# 第 12 章 Flume 入门

Flume 是一个方便易用的日志数据收集系统。本章介绍 Flume 的基本原理以及安装、配置方法，并且分析了 3 个实例，分别是使用 netcat 完成数据注入的实例、以 HBase 为目标数据库的实例及以 Hive 为目标数据库的实例。

## 12.1 Flume 简介

Flume 是由 Cloudera 公司研发的分布式日志收集系统。Cloudera 公司于 2009 年把 Flume 捐赠给了 Apache 软件基金会，Flume 成为 Hadoop 生态系统的相关工具之一。

Flume 是收集日志、事件等数据，并将这些数量庞大的数据从各项数据资源集中起来存储到一个集中的数据库的工具，如图 12-1 所示。

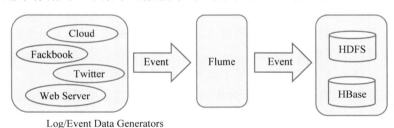

图 12-1　Flume 示意图

Flume 的组件包括 Master、Agent、Collector、Storage 等，如图 12-2 所示。

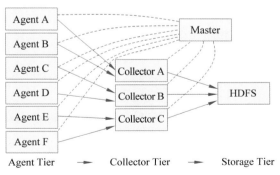

图 12-2　Flume 的 Agent、Colletor、Storage 层

Agent 用于采集数据,是 Flume 中产生数据流的地方。Agent 将产生的数据流传输到 Collector。Collector 用于对数据进行聚合,往往会产生另一个流。

## 12.2　Flume 的特性

Flume 有如下 4 个特性。

可靠性(Reliability):Flume 提供 3 种数据可靠性选项,包括 End-to-End、Store on Failure 和 Best Effort。其中,End-to-End 使用了磁盘日志和接收端 Ack 的方式,保证 Flume 接收的数据会最终到达目的地。Store on Failure 在目的地不可用时,数据会保持在本地硬盘。与 End-to-End 不同的是,如果是进程出现问题,Store on Failure 可能会丢失部分数据。Best Effort 不做任何服务质量(Quality of Service,QoS)保证。

可扩展性(Scalability):Flume 的组件 Master、Collector 和 Storage 都是可伸缩的。需要注意的是,Flume 对事件的处理不需要带状态,它的可扩展性很容易实现。

可管理性(Manageability):Flume 利用 Zookeeper 和 Gossip 协议保证配置数据的一致性、高可用性。同时,Flume 使用多个 Master,保证 Master 可以管理大量的节点。

可扩充性(Extensibility):用户可以基于 Java 为 Flume 添加各种新的功能。如通过实现 Source 的子类,用户可以实现自己的数据接入方式。通过实现 Sink 的子类,用户可以将数据写往特定目标。通过 SinkDecorator,用户可以对数据进行一定的预处理。

Flume 的主要特点总结如下。

(1) 高效率地从多个网站服务器收集日志信息,存入 HDFS/HBase。

(2) 支持多路径流量、多管道接入流量、多管道接出流量、上下文路由等。

(3) 可以水平扩展。

(4) 管道是基于事务的,保证了数据在传送和接收时的一致性。

(5) 可靠的、高度容错的、可升级的、易管理的,并且可定制的。

(6) 可以收集社交网络站点和电商网络站点的事件数据,如社交网络站点 Facebook、Twitter,电商网站如 Amazon 等。

## 12.3　Flume 的系统架构和运行机制

Flume 的系统架构如图 12-3 所示。

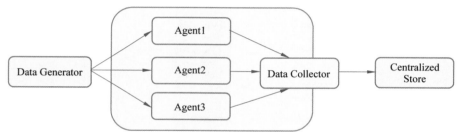

图 12-3　Flume 的系统架构

数据发生器(Data Generator,即数据源,如 Facebook、Twitter)产生的数据,被运行在数据发生器所在服务器上的 Agent 所收集。然后,数据收集器(Data Collector)从各个 Agent 上汇集数据,并且将数据集中存储到某个中心库(Centralized Store),如 HDFS/HBase 中。

如图 12-4 所示,Flume 的核心功能是把数据从数据源(Source)收集过来,再将收集到的数据送到指定的目的地(Sink)。为了保证输送的过程能够成功,在送到目的地之前,Flume 先将数据缓存(Channel)。Channel 作为一个数据缓冲区临时存放这些数据,待数据真正到达目的地后,如 HDFS 等,Flume 再删除自己缓存的数据,这种机制保证了数据传输的可靠性与安全性。在整个数据的传输的过程中,流动的是事件(Event,图 12-4 中为 E),即事务保证是在 Event 级别进行的。

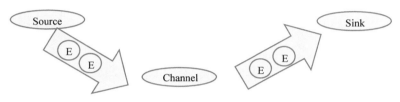

图 12-4　Flume 的核心功能

Flume 收集数据有两种主要工作模式。

(1) Push Sources:外部系统会主动地将数据推送到 Flume 中,如 RPC、syslog 等。

(2) Polling Sources:Flume 到外部系统中获取数据,一般使用轮询的方式,如 text、exec 等。

**1. Flume 的扩展性和可靠性**

为了保证可扩展性,Flume 采用了多 Master 的方式。为了保证配置数据的一致性,Flume 引入了 Zookeeper,用于保存配置数据,Zookeeper 本身可保证配置数据的一致性和高可用性。另外,在配置数据发生变化时,Zookeeper 可以通知 Flume Master 节点。Flume Master 间使用 Gossip 协议同步数据,如图 12-5 所示(其中,FM 为 Flume Master,ZK 为 Zookeeper)。

**2. Flume Event**

Flume Event 是 Flume 内部数据传输的最基本单元。它由一个可选头部和一个装载数据的字节数组构成。典型的 Flume Event 具有如图 12-6 所示的结构。

Event 将传输的数据进行封装,针对文本文件的处理,一个事件通常对应一行文本。同时,Event 也是事务处理的基本单位。

**3. Flume Agent**

Agent 是一个独立的守护进程(JVM),它从客户端接收数据,或者从其他的 Agent 接收数据,然后迅速地将获取的数据传给下一个目的节点(Sink)或者 Agent。

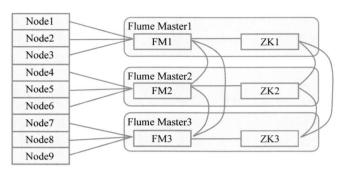

图 12-5　Flume Master 的分布式部署方式

图 12-6　Flume Event 的结构

Agent 由 Source、Channel、Sink 3 个组件组成，如图 12-7 所示。

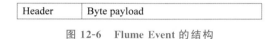

图 12-7　Flume Agent 的结构

Source 从数据发生器接收数据，并将接收的数据以 Event 格式传递给一个或者多个通道（Channel）。Flume 提供多种数据接收的方式，包括 Avro、Thrift 等。

Channel 是一种暂时的存储容器，它将从 Source 处接收到的 Event 格式的数据缓存起来，直到它们被 Sink 消费掉。它在 Source 和 Sink 间起着一个桥梁的作用。Channel 的处理是一个完整的事务，这一点保证了数据在收发时的一致性。

Channel 可以和任意数量的 Source 和 Sink 连接。主要的 Channel 类型有 JDBC Channel、File System Channel、Memory Channel 等。

数据传输的目的地可能是另一个 Sink，也可能是 HDFS 或者 HBase。

Sink 将数据存储到集中存储器（如 HDFS 或者 HBase）中。它从 Channel 消费数据并将其传递到目的地。图 12-8 给出了一个单 Agent 的系统实例。

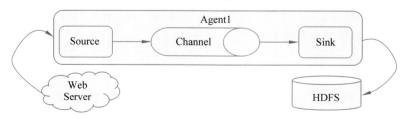

图 12-8　单 Agent 的系统

**4. 级联结构**

Flume Agent 可以前后相继,形成级联结构,如某个 Agent 的 Sink 可以将数据写到下一个 Agent 的 Source 中,这样若干 Agent 就可以连成串,对数据进行一系列转换和持久化。Flume 提供了大量内置的 Source、Channel 和 Sink 类型。不同类型的 Source、Channel 和 Sink 可以自由组合。组合方式基于用户设置的配置文件,非常灵活。图 12-9 给出了一个多 Agent 级联的系统实例。

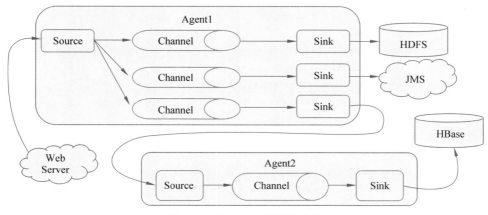

图 12-9 多 Agent 级联的系统

## ◆ 12.4 Flume 的安装、配置和运行

一般下载 Flume 的二进制发行版解压缩,完成安装。

```
cd /opt/linuxsir
ls apache-flume-1.7.0-bin.tar.gz

tar -zxvf apache-flume-1.7.0-bin.tar.gz
mv apache-flume-1.7.0-bin apache-flume
```

从模板复制配置文件,进行必要的编辑(参考下文)。

```
cd apache-flume/conf
cp flume-conf.properties.template flume.conf
```

从模板复制 flume-env.sh 配置文件。

可以对 JAVA_OPTS 环境变量进行设置,以便对 Flume 的 Source 和 Sink 进行调试,具体可参考 Flume 官方文档。

```
cd apache-flume/conf
cp flume-env.sh.template flume-env.sh
```

在文件里面设定 JAVA_HOME。

```
export JAVA_HOME=/opt/linuxsir/java/jdk
```

下面介绍一个实例。

编辑 conf/flume.conf 文件,内容如下。通过这个配置文件对 Agent 进行配置,这里只有一个 Agent,即 agent1。

```
#Define a memory channel called ch1 on agent1
agent1.channels.ch1.type = memory

#Define an Avro source called avro-source1 on agent1 and tell it
#to bind to 0.0.0.0:41414. Connect it to channel ch1
agent1.sources.avro-source1.channels = ch1
agent1.sources.avro-source1.type = avro
agent1.sources.avro-source1.bind = 0.0.0.0
agent1.sources.avro-source1.port = 41414

#Define a logger sink that simply logs all events it receives
#and connect it to the other end of the same channel
agent1.sinks.log-sink1.channel = ch1
agent1.sinks.log-sink1.type = logger

#Finally, now that we've defined all of our components, tell
#agent1 which ones we want to activate
agent1.channels = ch1
agent1.sources = avro-source1
agent1.sinks = log-sink1
```

打开一个终端窗口,通过如下命令,启动 Flume Server,并启动 agent1。

```
cd /opt/linuxsir
cd apache-flume
bin/flume-ng agent --conf ./conf/ -f ./conf/flume.conf -Dflume.root.logger=DEBUG,console -n agent1
```

打开另一个终端窗口,通过如下命令,运行 Avro 客户端程序,这个程序读取文件,并输送到某个主机的 Avro Source 进程监听的端口上,这里 Avro Source 运行在本机上。

Avro 客户端程序把文件的每行当作一个事件。Avro 客户端程序读取的是/etc/passwd 文件。由于 agent1 的 Sink 是 Logger 类型,因此可以在第一个终端窗口上观察到相应的输出,也就是/etc/passwd 文件的一行行内容。

```
cd /opt/linuxsir
cd apache-flume
```

```
bin/flume-ng avro-client --conf ./conf/ -H localhost -p 41414 -F /etc/passwd
-Dflume.root.logger=DEBUG,console
```

## 12.5 使用 netcat 完成数据注入的实例

在/opt/linuxsir/apache-flume/conf 目录下,创建 example.conf,内容如下:

```
#Name the components on this agent
a1.sources = r1
a1.sinks = k1
a1.channels = c1

#Describe/configure the source
a1.sources.r1.type = netcat
a1.sources.r1.bind = localhost
a1.sources.r1.port = 44444

#Describe the sink
a1.sinks.k1.type = logger

#Use a channel which buffers events in memory
a1.channels.c1.type = memory
a1.channels.c1.capacity = 1000
a1.channels.c1.transactionCapacity = 100

#Bind the source and sink to the channel
a1.sources.r1.channels = c1
a1.sinks.k1.channel = c1
```

打开一个终端窗口,通过如下命令,启动 Flume Server,并启动 a1。

```
cd /opt/linuxsir
cd apache-flume
bin/flume-ng agent --conf ./conf/ -f ./conf/example.conf -Dflume.root.logger
=DEBUG,console -n a1
```

打开另一个终端窗口,启动 netcat。

```
nc localhost 44444
```

输入一些内容,这时应该在第一个终端窗口看到输入的内容。

```
Hello{回车}
World{回车}
```

## 12.6 以 HBase 为目标数据库的实例

在 /opt/linuxsir/apache-flume/conf 目录下，创建 hbase_sink.conf，内容如下：

```
#Name the components on this agent
Agent5.sources = spooldir-source
Agent5.channels = spillmem-channel
Agent5.sinks = hbase-sink

#Describe/configure Source
Agent5.sources.spooldir-source.type = spooldir
Agent5.sources.spooldir-source.spoolDir = /opt/linuxsir/apache-flume/spooldir
Agent5.sources.spooldir-source.fileHeader = false

#Describe the sink
Agent5.sinks.hbase-sink.type = hbase
Agent5.sinks.hbase-sink.table = test_table
Agent5.sinks.hbase-sink.columnFamily = test_cf

#Use a channel which buffers events in file
Agent5.channels.spillmem-channel.type = SPILLABLEMEMORY
Agent5.channels.spillmem-channel.memoryCapacity = 10000
Agent5.channels.spillmem-channel.overflowCapacity = 1000000
Agent5.channels.spillmem-channel.byteCapacity = 80000
Agent5.channels.spillmem-channel.checkpointDir = /var/log/flume/checkpoint/
Agent5.channels.spillmem-channel.dataDirs = /var/log/flume/data/

#Bind the source and sink to the channel
Agent5.sources.spooldir-source.channels = spillmem-channel
Agent5.sinks.hbase-sink.channel = spillmem-channel
```

启动 HDFS、YARN、HBase，然后启动 HBase Shell。

```
rm -rf /opt/linuxsir/hadoop/logs/*.*
ssh root@192.168.31.130 rm -rf /opt/linuxsir/hadoop/logs/*.*
ssh root@192.168.31.131 rm -rf /opt/linuxsir/hadoop/logs/*.*

clear
cd /opt/linuxsir/hadoop/sbin
./start-dfs.sh
./start-yarn.sh
```

```
cd /opt/linuxsir/hbase
./bin/start-hbase.sh

clear
jps
ssh root@192.168.31.130 jps
ssh root@192.168.31.131 jps

cd /opt/linuxsir/hbase
./bin/hbase shell
```

在 HBase Shell 里面建立表格 test_table，test_table 包含一个 Column Family 即 test_cf。

```
create 'test_table', 'test_cf'
```

创建 Spool 目录，并且进行授权。

```
mkdir /opt/linuxsir/apache-flume/spooldir
chmod a+rwx /opt/linuxsir/apache-flume/spooldir
```

打开一个终端窗口，通过如下命令，启动 Flume Server，并启动 Agent5。

```
cd /opt/linuxsir
cd apache-flume
bin/flume-ng agent --conf ./conf/ -f ./conf/hbase_sink.conf -Dflume.root.logger=DEBUG,console -n Agent5
```

打开另一个终端窗口，把一个文本文件复制到/opt/linuxsir/apache-flume/spooldir 目录下，文件的每行被当作独立的事件，发送到 Flume，并且被插入 HBase。

```
cd /opt/linuxsir/
cp hive-test.txt /opt/linuxsir/apache-flume/spooldir
```

这时查看/opt/linuxsir/apache-flume/spooldir 目录，目录的内容如下：

```
hive-test.txt.COMPLETED
```

重新启动 HBase Shell。

```
cd /opt/linuxsir/hbase
./bin/hbase shell
```

查看 test_table 表格。

```
scan 'test_table'
```

结果如下,可以发现最后一个空行也被插入,所以在准备数据时要删除空行。

```
ROW                     COLUMN+CELL
 default0bce3a6c-8162-4 column=test_cf:pCol, timestamp=1596711289189,
value=4 hello 375-816c-b47f2143c403
 default47e860fc-6509-4 column=test_cf:pCol, timestamp=1596711289189,
value=3 hbase 66e-9967-e3b036cd14e8
 defaulta8450648-6960-4 column=test_cf:pCol, timestamp=1596711289189,
value=1 hadoop f9e-8dec-13f3221a1153
 defaultdc7ae64f-8c98-4 column=test_cf:pCol, timestamp=1596711289189,
value=2 hive 5ee-8a2f-22d088eb63bb
 incRow                 column=test_cf:iCol, timestamp=1596711289300, value=\
                        x00\x00\x00\x00\x00\x00\x00\x04
```

退出 HBase Shell,最后停止 HBase、YARN、HDFS。

```
cd /opt/linuxsir/hbase
./bin/stop-hbase.sh

cd /opt/linuxsir/hadoop/sbin
./stop-yarn.sh
./stop-dfs.sh

jps
ssh root@192.168.31.130 jps
ssh root@192.168.31.131 jps
```

## 12.7 以 Hive 为目标数据库的实例

建立数据文件。

```
cd /opt/linuxsir
touch flume_message.data

echo "1,hive" >> flume_message.data
echo "2,flume" >> flume_message.data
echo "3,testmessage" >> flume_message.data
echo "4,hivesink" >> flume_message.data
cat flume_message.data
```

在 /opt/linuxsir/apache-flume/conf 目录下，创建 hive_sink.conf，内容如下：

```
agent1.sources = source1
agent1.channels = channel1
agent1.sinks = sink1

agent1.sources.source1.type = exec
agent1.sources.source1.command = cat /opt/linuxsir/flume_message.data
agent1.sources.source1.channels = channel1

agent1.sinks.sink1.type = hive
agent1.sinks.sink1.channel = channel1
agent1.sinks.sink1.hive.metastore = thrift://192.168.31.129:19083
agent1.sinks.sink1.hive.database = default
agent1.sinks.sink1.hive.table = flume_test
agent1.sinks.sink1.hive.txnsPerBatchAsk = 2
agent1.sinks.sink1.batchSize = 4
agent1.sinks.sink1.useLocalTimeStamp = false
agent1.sinks.sink1.round = true
agent1.sinks.sink1.roundValue = 10
agent1.sinks.sink1.roundUnit = minute
agent1.sinks.sink1.serializer = DELIMITED
agent1.sinks.sink1.serializer.delimiter = ","
agent1.sinks.sink1.serializer.serdeSeparator = ','
agent1.sinks.sink1.serializer.fieldnames = id,message

agent1.channels.channel1.type = FILE
agent1.channels.channel1.transactionCapacity = 1000000
agent1.channels.channel1.checkpointInterval 30000
agent1.channels.channel1.maxFileSize = 2146435071
agent1.channels.channel1.capacity 10000000
```

启动 Hive Shell，准备建立表格。注意，首先需要启动 HDFS 和 YARN。

```
rm -rf /opt/linuxsir/hadoop/logs/*.*
ssh root@192.168.31.130 rm -rf /opt/linuxsir/hadoop/logs/*.*
ssh root@192.168.31.131 rm -rf /opt/linuxsir/hadoop/logs/*.*


clear
cd /opt/linuxsir/hadoop/sbin
./start-dfs.sh
```

```
./start-yarn.sh

clear
jps
ssh root@192.168.31.130 jps
ssh root@192.168.31.131 jps

cd /opt/linuxsir/hive
./bin/hive --service metastore -p 19083 &

//等待 Metastore 启动
netstat -lanp | grep 19083

cd $HIVE_HOME/bin
./hive
```

在 Hive Shell 里运行如下 SQL,建立表格 flume_test,注意需要设定格式为 ORC,并且设定 buckets 数量,支持 transaction。

```
create table flume_test(id string, message string) clustered by (message) into 5 buckets STORED AS ORC TBLPROPERTIES ("transactional"="true");

//退出 Hive Shell
quit;
```

修改/opt/linuxsir/hive/conf/hive-site.xml,对若干配置项确认其设置如下。注意,划掉的配置项不需要,可以删除。

```
<property>
<name>hive.txn.manager</name>
<value>org.apache.hadoop.hive.ql.lockmgr.DbTxnManager</value>
</property>
<property>
<name>hive.compactor.initiator.on</name>
<value>true</value>
</property>
<property>
<name>hive.compactor.worker.threads</name>
<value>5</value>
</property>
<property>
<name>hive.compactor.check.interval</name>
<value>10</value>
</property>
```

```xml
<property>
<name>hive.compactor.delta.num.threshold</name>
<value>2</value>
</property>
<property>
<name>hive.support.concurrency</name>
<value>true</value>
</property>
<property>
<name>hive.enforce.bucketing</name>
<value>true</value>
</property>
<property>
<name>hive.exec.dynamic.partition.mode</name>
<value>nonstrict</value>
</property>
```

复制 Hive 的相关 jar 包到 Flume 的 lib 目录下。

```
cp /opt/linuxsir/hive/hcatalog/share/hcatalog/* /opt/linuxsir/apache-flume/lib
cp /opt/linuxsir/hive/lib/* /opt/linuxsir/apache-flume/lib
```

打开一个终端窗口，通过如下命令，启动 Flume Server，并启动 agent1。

```
cd /opt/linuxsir
cd apache-flume
bin/flume-ng agent --conf ./conf/ -f ./conf/hive_sink.conf -Dflume.root.logger=DEBUG,console -n agent1
```

打开另一个终端窗口，启动 Hive Shell，执行如下查询，查看数据是否已经插入表格中。

```
cd $HIVE_HOME/bin
./hive

select * from flume_test;
exit;
```

停止 Metastore、YARN、HDFS。

```
netstat -lanp | grep 19083
kill -9 16336                    //16336 是 Metastore 进程号


cd /opt/linuxsir/hadoop/sbin
```

```
./stop-yarn.sh
./stop-dfs.sh

clear
jps
ssh root@192.168.31.130 jps
ssh root@192.168.31.131 jps
```

此外,读者还可以通过文献[4],了解每种类型的 Source、Channel、Sink 及其配置方法。

## 12.8　Java 开发

Flume 已经提供了大量的 Source、Channel、Sink,用户只需要对它们进行配置,即可实现数据的收集和存储。只有在特殊的情况下,才需要开发。

文献[5]给出了开发参考,读者可以参考其中的实例,开发 Client、Embedded Agent、Sink、Source、和 Channel。

## 12.9　如何安装 netcat

如果没有安装 netcat,那么在已经配置 Yum 源的情况下(参考第 2 章),可以使用如下命令安装 netcat:

```
yum install -y nc
```

## 12.10　思　考　题

1. 简述 Flume 的架构。
2. 简述 Flume 如何支持可靠性、可扩展性。
3. 简述 Flume 的应用场景。

## 参 考 文 献

[1] Eric Sammer. Flume Getting Started[EB/OL]. (2013-01-02) [2021-10-15]. https://cwiki.apache.org//confluence/display/FLUME/Getting+Started.

[2] Siva. Flume Data Collection into HBase[EB/OL]. (2014-08-30) [2021-10-15]. http://hadooptutorial.info/flume-data-collection-into-hbase/.

[3] Datafabric. How do I Configure HIVE + FLUME[EB/OL]. (2018-02-21) [2021-10-15]. https://support.datafabric.hpe.com/s/article/How-do-I-Configure-HIVE-FLUME?language=en_US.

[4] Apache. Flume User Guide[EB/OL]. (2020-03-01)[2021-10-15]. https://flume.apache.org/FlumeUserGuide.html.

[5] Apache. Flume Developer Guide[EB/OL]. (2020-03-01)[2021-10-15]. https://flume.apache.org/FlumeDeveloperGuide.html.

[6] Apache. Get Started - Apache Flume. (2020-03-01)[2021-12-15]. https://cwiki.apache.org/confluence/display/FLUME/Getting+Started.

# 第13章 Kafka 入门

Kafka 是一个高性能的消息系统，一般用于快速到达数据的可靠暂存。本章介绍 Kafka 的基本原理及其应用场景。接着介绍 Kafka 的安装配置办法。本章分析了用 Java 语言编写的两个简单的实例，包括 Producer 和 Consumer。此外，还给出了一个利用 Flume 把 Kafka 的数据转移到 Hive 数据仓库的实例。Kafka 可以实现流数据处理，本章给出了使用 Kafka 实现流数据处理的系统架构。

## 13.1 Kafka 简介

Kafka 是分布式的消息系统（Messaging System）。它最初由 LinkedIn 公司开发，之后通过 Apache 基金会开源。Kafka 是一款分布式的、分区的和可复制的提交日志服务软件系统。由于其特有的设计，Kafka 具有高性能和高可扩展性的优良特点。

与传统的消息系统相比，Apache Kafka 具有如下的特点：

（1）Kafka 是完全分布式的系统，易于横向扩展，可以处理极大规模的数据量。

（2）Kafka 同时支持发布和订阅，提供极高的吞吐能力。

（3）Kafka 支持多个订阅者，当出现失败状况，可以自动平衡消费者。

（4）Kafka 将消息持久化到磁盘，以保证消息系统的可靠性。可以用于消息的批量消费应用（如 ETL 系统），以及实时应用程序。

下面介绍 Kafka 的基本概念。Kafka 消息系统包括如下 4 个主要组件。

（1）Kafka 按照类别（称为主题或者话题（Topic））维护它接收到的消息。话题是特定类型的消息流。消息是字节的有效载荷（Payload）。

（2）向 Kafka 发布消息的进程或者程序，称为生产者（Producer）。

（3）订阅（Subscribe）Kafka 话题，以便处理 Kafka 消息的进程或者程序，称为消费者（Consumer）。消费者可以订阅一个或多个话题，从而消费这些已发布的消息。

（4）已发布的消息保存在一组服务器中，这些服务器被称为代理（Broker），它们共同构成 Kafka 集群（Cluster）。

图 13-1 给出了 Kafka 的高层概念图。其中,消息生产者通过网络,向 Kafka 集群发送消息,然后 Kafka 根据消费者订阅的话题,向消费者传递这些消息。

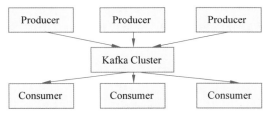

图 13-1　Kafka 的高层概念图

### 13.1.1　话题和分区

话题是消息的分类机制,消息生产者要向 Kafka 发布消息,必须指定发布到哪个话题。对于每个话题,Kafka 集群维护一个分区(Partition)的日志文件,如图 13-2 所示。

话题被划分成一系列分区,每个分区是有序的、不可更改的消息序列,可在分区末尾不断追加提交日志(Commit Log)。分区里的每个消息都分配了一个顺序号(Sequential ID Number),唯一地标识分区里的每个消息,这个顺序号也称偏移量(Offset)。

Kafka 集群可以保留消息一段时间,不管这个消息有没有被消费。例如,当把日志保留的时间设定为两天,在两天之内这些消息可以被消费者访问到。过了两天消息被丢弃,以便腾出其占用的空间。

图 13-2　话题与分区

在 Kafka 的消息服务里,使用分区机制的目的有两方面。首先,分区机制允许 Kafka 处理超过一台服务器容量的日志规模。每个独立的分区,可以由一个服务器进行处理,一个话题有很多分区,这些分区分别由不同的服务器进行处理,那么就使得 Kafka 在设计上可以处理任意规模的数据量。其次,分区是并行处理的基本单元,如果没有分区,就无法进行并行处理。

对分区的消息队列的处理,依赖于一个偏移量。偏移量由消费者控制,它指出了每个消费者目前处理到的某个分区的消息队列的位置。一般当消费者不断地消费消息时,偏移量不断地向前推进。但是由于偏移量是由消费者控制的,所以消费者可以以任何顺序来消费消息,也可以把偏移量设定回一个老的偏移量,以便消费已经消费过的消息。用户甚至可以设计这样的消费者,它仅偷偷查看话题的每个分区的末尾若干消息,但是并未改变这些消息,其他的消费者仍然可以正常消费这些消息。

从话题的分区机制和消费者基于偏移量的消费机制可以看出，Kafka 的消息消费机制是一种极其廉价的操作，消息的消费不会对集群以及其他消费者造成很大的冲击。

Kafka 的整体架构如图 13-3 所示。一个 Kafka 集群通常包括多个代理（Broker）。为了均衡负载，Kafka 将话题分成多个分区，每个代理存储一个或多个分区。多个生产者和消费者能够同时生产和获取消息。

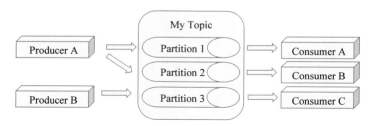

图 13-3　Kafka 的整体架构

### 13.1.2　数据分布与存储

Kafka 把消息分区，并分布到 Kafka 集群的各个服务器上，每个服务器负责这些分区的数据的管理和消息的请求。每个分区的数据还被复制到一定数量的服务器上（可以配置服务器的数量），以支持容错。

对于每个分区，其中一台服务器作为领导者（Leader），若干服务器作为追随者（Follower）。领导者负责分区的读写请求，追随者以被动的方式（Passively）对领导者的数据进行复制。如果领导者发生失败状况，追随者之一将自动地成为新的领导者。为了保证集群内的负载均衡，每个服务器都担任了一部分分区的领导者及追随者的角色。

Kafka 的存储布局非常简单。话题的每个分区对应一个逻辑日志。在物理上，一个日志为相同大小的一组分段文件。每次生产者发布消息到一个分区，代理就将消息追加到最后一个分段文件中。当发布的消息数量达到设定值或者经过一定的时间后，分段文件才真正写入磁盘中。写入完成后，消息公开给消费者。Kafka 的存储架构如图 13-4 所示。

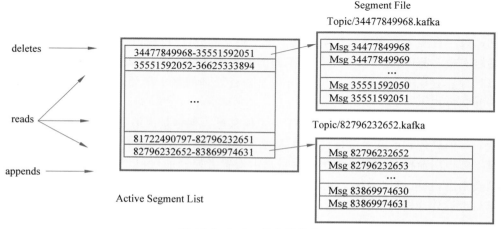

图 13-4　Kafka 的存储架构

与传统的消息系统不同，Kafka 系统中存储的消息没有明确的消息 ID。消息通过日志中的逻辑偏移量公开。消息 ID 是增量的，但并不连续。要计算下一消息的 ID，可以在其逻辑偏移量的基础上加上当前消息的长度。

消费者始终从特定分区顺序地获取消息，如果消费者知道特定消息的偏移量，那就说明消费者已经消费了之前的所有消息。消费者向代理发出异步拉取（Pull）请求，准备字节缓冲区用于消费。每个异步拉取请求都包含要消费的消息偏移量。Kafka 利用 sendfile 接口高效地从代理的分段文件（Segment File）中把数据发送给消费者。

### 13.1.3 代理

与其他消息系统不同，Kafka 代理是无状态的。这意味着消费者必须维护已消费的状态信息，代理完全不参与。

这样的设计，使得从代理删除消息变得困难，因为代理并不知道消费者是否已经使用了该消息。Kafka 创新性地解决了这个问题，它将一个简单的基于时间的服务水平协议（Service Level Agreement，SLA）应用于保留策略。当消息在代理中超过一定时间后，将会被自动删除。

此外，这种设计有一个很大的好处，消费者可以回到老的偏移量再次消费数据。虽然违反了队列的常见约定，但是在很多实际应用中，表现出这种消费者的特征。

### 13.1.4 生产者

生产者向话题发布数据（一般是日志数据）。由于消息系统的每个话题是分区的，生产者必须指定把消息分配到哪个分区。可以采用轮转（Round-Robin）的方式进行消息的分区，以便均衡负载。也可以根据某些应用的语义要求，设计专用的分区函数（Partition Function），进行消息的分区。

### 13.1.5 消费者

消息系统一般采用两种模型，分别是队列（Queuing）模型和发布-订阅（Publish Subscribe）模型。在队列模型中，一组消费者，可以从一个服务器读消息，每个消息仅仅被其中一个消费者消费。在发布-订阅模型中，消息被广播给所有的消费者。

Kafka 采用一种抽象方法，即消费者组（Consumer Group）来提供上述两种消息系统模型的支持。每个消费者通过打上某个消费者组的标签，隶属于某个消费者组。每个发布到话题的消息，被分发到消费者组的其中一个消费者。消费者实例是不同的进程，可以运行在不同的机器上。

如果所有的消费者实例都隶属于同一个消费者组，那么 Kafka 的工作模式就类似于传统的队列模型；如果所有的消费者实例都隶属于不同的消费者组，那么 Kafka 的工作模式就类似于传统的发布-订阅模型，所有的消息都被广播给所有的消费者。这是两个极端的部署模式。

在实际应用中，更为普遍的模式是，每个话题有少量几个消费者组。每个消费者组由若干消费者实例构成，以达到扩展处理能力和容错的目的。图 13-5 展示了由两个服务器构成的 Kafka 集群,该 Kafka 集群管理某个话题的 4 个分区(P0、P1、P2、P3),配置了两个消费者组(Group A,Group B)。消费者组 A 有 2 个消费者实例,消费者组 B 有 4 个消费者实例。

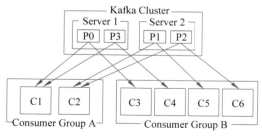

图 13-5 消费者组和消费者

从各个分区来看,每个分区的消息被广播给所有的消费者组,如分区 P0 被广播给消费者组 A 和消费者组 B,分区 P1 被广播给消费者组 A 和消费者组 B 等。

另外,在每个消费者组内,发布到组内的消息被各个消费者分担处理。例如,发送到消费者组 A 的 P0 和 P3 分区的消息,被消费者 C1 处理,而发送到该组的 P1 和 P2 分区的消息,则被消费者 C2 处理。

### 13.1.6 消息的顺序

Kafka 在存储消息时,提供了和传统消息系统一样的顺序保证。传统的消息队列在服务器上维护消息的顺序,即便有多个消费者从队列中消费这些消息,这些消息也会以它们存储的顺序,向外递送(Hand Out)。

虽然服务器向外递送消息是按照顺序的,但是消息是异步地递送给各个消费者的,它们到达消费者的顺序有可能被打乱。也就是说,利用多个消费者进行消息的并行处理时,消息的顺序丢失了。

消息系统也可以仅仅使用一个消费进程(独占消费者)从队列中消费消息,以保证消息被消费的顺序,但是这种处理方法舍弃了并行性。

Kafka 通过分区机制,支持消息的顺序性以及并行处理,把消息处理均衡到一组消费者上。它把每个话题的分区,分配给消费者组,保证每个分区仅仅被某个消费者组的一个消费者消费。这样就能保证每个分区仅仅被一个消费者读取,而且消息的消费是有序的。由于有很多的分区,所以可以在不同的消费者之间均衡整个负载。

需要注意的是,Kafka 仅仅提供了分区内消息的有序性,并不能保证一个话题的不同分区之间的消息的有序性。对于大量的实际应用,在分区内保证消息的有序性和数据的分区处理已经足够了。但是,如果用户需要在所有消息上实现顺序处理,只能在一个话题里有一个分区,而且只能由一个消费者进行消费。

上述技术手段使得 Kafka 消息系统可以提供如下的保证:从生产者发送到某个话题的某个分区的消息,将按照发送的顺序被添加到消息列表上。也就是说,如果同一个生产者先发送了消息 M1,然后发送消息 M2,那么 M1 将拥有比 M2 更小的偏移量,M1 将更早地出现在消息系统中。消费者实例看到消息的顺序,将是这些消息在消息系统里存储的顺序。

如果某个话题的复制参数(Replicate Factor)为 $N$,那么系统可以忍受达到 $N-1$ 个服务器的失败状况,不会丢失已经提交到消息系统的消息。

### 13.1.7　Kafka 的应用场景

Kafka 以高度的扩展能力和高性能获得了极大关注,并且在大量的实际系统中得到应用。

**1. 消息传递(Messaging)**

在消息处理领域,Kafka 可以作为传统消息队列系统(如 ActiveMQ 和 RabbitMQ)的替代品。使用消息代理(Message Broker),可以把紧密耦合的系统设计解耦,对未及时处理的消息进行缓存。

相对于大部分传统消息系统,Kafka 具有更高的吞吐能力,并且提供了分区、复制及容错的支持,使得它成为大型消息处理系统的优先选择。

在某些应用场合,并不需要很高的吞吐能力,但是要求消息处理的延迟要尽量小,并且需要系统提供消息的可靠性,Kafka 的高性能以及持久化能力正好提供了这样的支持。

**2. 网站活动跟踪(Website Activity Tracking)**

网站上的用户活动,包括查看页面(View Pages)、搜索(Search)及其他动作,可以发布到一些话题上,每类用户活动对应一个话题。这些消息可以被一些消费者程序进行订阅和处理,包括一些实时处理程序(如实时监控),也可以装载到 Hadoop 或者数据仓库系统,以便进行离线式的批处理以及报表生成。

在用户活动跟踪过程中,为了记录大量的用户活动,系统必须能够处理快速产生的消息,每个消息对应用户的一次页面单击或者一次搜索操作。Kafka 的高性能为大量消息的及时处理提供了保证。

**3. 度量(Metric)**

Kafka 经常应用在业务运营数据的监控与汇总中。在这类应用中,需要把各个应用程序的数据集中到一起,然后在它上边进行汇总统计。

**4. 日志聚集(Log Aggregation)**

日志聚集应用,一般从各个服务器收集日志文件,然后保存到一个集中的存储位置,如一个文件服务器或者 HDFS,然后进行后续的处理。

Kafka 通过抽象,把日志文件里面的日志或者事件看作是一个消息流(Stream of Message)。Kafka 的设计支持低延迟地处理多数据源的数据。相对于 Scribe 和 Flume 等日志处理系统,Kafka 提供足够好的性能,即它提供更低的处理延迟,并且保证消息的持久性。

### 5. 流数据处理（Stream Processing）

和 Storm、Samza 等系统一样，Kafka 同样可以用于流数据处理。在某些应用中，用户对数据的处理是分阶段进行的，首先从各个数据源进行数据聚集，然后对数据进行标注和语义丰富（Enrich），并且进行必要数据转换，以便后续的消费和使用。

例如，在文章推荐应用中，整个处理流程大概可以分为如下 3 个阶段：首先，从简易信息整合（Really Simple Syndication，RSS）数据源爬取（Crawling）各类文章，发布到 Article 主题。其次，对这些文章进行规范化（Normalize）、去重（De-Duplicate）等处理，并发布到 Clean Article 主题；最后，可以根据用户的喜好，把文章推荐给用户。这些处理阶段，构成了一个实时数据处理流程，把各个主题连接起来。

### 6. 事件溯源（Event Sourcing）

事件溯源，是把应用程序状态的变化，以具有时间顺序的（每个记录有时间戳）一系列消息记录下来。换句话说，即保存一个对象所经历的每个事件，所有由该对象产生的事件都按照时间先后顺序有序地存放在数据库中。

Kafka 支持大量日志数据的存储，使得它成为事件溯源系统后端数据存储的可靠选择。

### 7. 提交日志（Commit Log）

Kafka 可以作为分布式系统提交日志的外部存储服务。在分布式系统中，这些日志帮助节点之间进行数据复制，并且在节点失败后，可以利用日志作为重新同步的机制，帮助节点把数据恢复。

Kafka 支持日志压缩（Log Compaction）功能，支持上述应用场景。在这个应用场景中，Kafka 提供了类似 Apache BookKeeper 的功能。

简而言之，Kafka 的应用场景很广泛，主要用于暂时存储各种类型的数据，包括网站活动跟踪、日志聚集、传感器数据收集和监控及把数据转移到 Hadoop 和 Spark 平台等。

Kafka 可以保存提交日志，保证内存数据处理系统的可恢复性和可靠性。流数据处理不是 Kafka 的强项，但是也是它的应用场景之一，如图 13-6 所示。

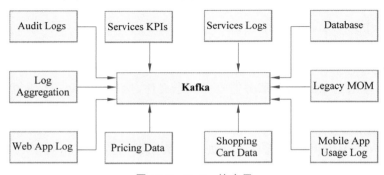

图 13-6　Kafka 的应用

### 13.1.8 小结

Kafka 是一款支持大量数据处理的消息系统。它提供低延迟、高吞吐量的消息处理，并且保证消息的持久性。

Kafka 基于拉取的消费模型，让消费者以自己的速度处理消息。如果处理消息时出现了异常，消费者始终可以选择再消费该消息。

## 13.2 Zookeeper 与 Kafka

Zookeeper 是一款协调服务软件。用户可以使用 Zookeeper 构建可靠的、分布式的数据结构，提供群组成员维护、领导人选举、工作流协同、分布式系统同步、命名和配置信息维护等服务，以及广义的分布式数据结构，如锁、队列、屏障（Barrier）和锁存器（Latch）。许多知名的项目依赖 Zookeeper，包括 HBase。

Zookeeper 是一个分布式的、分层级的文件系统，能促进客户端间的松耦合，并提供最终一致的、类似于传统文件系统中文件和目录的 Znode 视图。它提供一些基本的操作，如创建、删除和检查 Znode 是否存在。此外，它还提供事件驱动模型，使客户端能观察特定 Znode 的变化，如现有 Znode 增加了一个新的子节点。

Zookeeper 运行多个 Zookeeper 服务器，以获得高可用性，称为 Ensemble。每个服务器都持有分布式文件系统的内存副本，为客户端的读取请求提供服务。

图 13-7 展示了典型的 Zookeeper Ensemble 架构，一台服务器作为 Leader，其他服务器作为 Follower。当 Ensemble 启动时，先选出 Leader，然后所有 Follower 复制 Leader 的状态。所有写请求都通过 Leader 路由，变更会广播给所有 Follower。变更广播被称为原子广播。

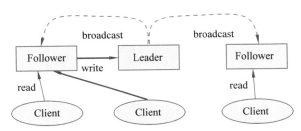

图 13-7　典型的 Zookeeper Ensemble 架构

Zookeeper 可以用于 Kafka 各个组件的协调，包括管理、协调 Kafka 代理。

每个 Kafka 代理都通过 Zookeeper 与其他 Kafka 代理协同。当 Kafka 系统中新增了代理或者某个代理出现故障导致失效时，Zookeeper 服务将通知生产者和消费者。生产者和消费者据此开始与其他代理协同工作。Kafka 分布式系统的总体架构如图 13-8 所示。

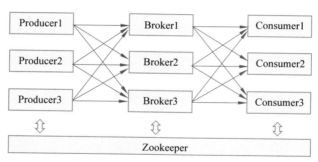

图 13-8　Kafka 分布式系统的总体架构

## ◆ 13.3　Kafka 的流数据处理组件 Kafka Streams

Kafka Streams 支持对数据流进行实时处理。Kafka Stream API 可以对多个数据流进行聚集、连接等操作，并且支持有状态的计算。它提供了 Stream Processor，把某个话题的数据以持续的数据流的形式看待和处理，主要的处理包括转换、聚集等。Stream Processor 产生多个输出流（Output Streams）。

Kafka Streams 的应用场景有很多，例如，在视频播放应用中，可以监控用户的一系列事件，包括开始观看视频、暂停等，在此基础上进行分析，了解用户的偏好。基于某个用户的行为或者很多用户的行为，了解热门的视频节目和片段，改善视频推荐。

## ◆ 13.4　Kafka 在系统中的位置

Kafka 在整个应用系统中的位置如图 13-9 所示。

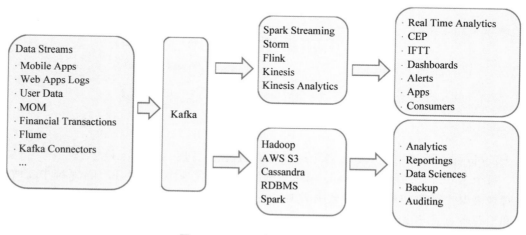

图 13-9　Kafka 在系统中的位置

一般 Kafka 用于暂存快速到达的数据，保证数据不丢失。然后通过其他组件，把数据迁移到其他系统,如 Hadoop 和 Spark。Kafka 处于中间层,它解开快速数据流与后续的流处理和批量处理系统的耦合。Kafka 通过 Kafka Streaming 支持流数据处理,但是 Kafka 核心组件是不支持进行流数据处理的。

可以把 Kafka 暂时存储的数据拉取到流数据处理系统里进行实时分析,如 Storm、Flink、Spark Streaming 等。

Kafka 暂存的数据,也可以拉取到 Hadoop 里,以便进行批量处理。当然也可以把 Kafka 的数据转移到 RDBMS、Cassandra、Spark 等系统。在这些系统里进行数据的统计汇总和报表生成,以及各种深入分析。

## ◆ 13.5 Kafka 的安装、配置和运行

### 13.5.1 单 Broker 部署

下载 Kafka 软件包 kafka_2.10-0.10.2.1。
通过 Samaba 共享目录,上传到 Centos 的 /opt/linuxsir 目录。
对目录进行授权。

```
cd /opt/linuxsir
chmod -R a+rwx *
chown -R nobody:nobody *

ls -l
```

解压和授权。

```
cd /opt/linuxsir
tar -xzf kafka_2.10-0.10.2.1.tgz

cd kafka_2.10-0.10.2.1
chmod -R a+rwx *
chown -R nobody:nobody *
```

Kafka 需要用到 Zookeeper,在这里使用内置的 Zookeeper。在生产环境下,建议安装独立的 Zookeeper。

查看 config/zookeeper.properties 配置文件,确认其内容如下:

```
#the directory where the snapshot is stored.
dataDir=/tmp/zookeeper

#the port at which the clients will connect
clientPort=12182
```

```
#disable the per-ip limit on the number of connections since this is a non-
#production config
maxClientCnxns=0
```

修改 config/server.properties 配置文件，具体如下：

```
#root directory for all kafka znodes.
zookeeper.connect=192.168.31.129:12182

#Timeout in ms for connecting to zookeeper
zookeeper.connection.timeout.ms=6000
```

注意：把 Zookeeper 的端口改为 12182，是因为 HBase Zookeeper 使用了 12181。
启动后台服务器，包括启动 Zookeeper 和 Broker 0。

```
cd /opt/linuxsir/kafka_2.10-0.10.2.1
bin/zookeeper-server-start.sh config/zookeeper.properties &

//等待 Zookeeper 启动
netstat -ntlp|grep 12182

bin/kafka-server-start.sh config/server.properties &

//等待 Kafka Broker 0 启动
netstat -ntlp|grep 9092
//注意 Kafka Broker 0 在 192.168.31.129 启动之后，在 9092 端口监听
```

创建 Kafka 主题。

```
bin/kafka-topics.sh --create --zookeeper 192.168.31.129:12182 --replication
-factor 1 --partitions 1 --topic test1
bin/kafka-topics.sh --list --zookeeper 192.168.31.129:12182
//可以用下面的命令删除主题
bin/kafka-topics.sh --delete --zookeeper 192.168.31.129:12182 --topic test1
```

运行生产者和消费者。启动一个终端窗口（Producer），运行如下命令：

```
cd /opt/linuxsir
cd kafka_2.10-0.10.2.1
bin/kafka-console-producer.sh --broker-list 192.168.31.129:9092 --topic
test1
```

在生产者端，不断输入文本和按 Enter 键，按 Ctrl＋C 键结束输入。
启动另一个终端窗口（Consumer），运行如下命令：

```
cd /opt/linuxsir
cd kafka_2.10-0.10.2.1
bin/kafka-console-consumer.sh --zookeeper 192.168.31.129:12182 --topic
test1 --from-beginning
//或 bin/kafka-console-consumer.sh --bootstrap-server 192.168.31.129:9092 -
-topic test1 --from-beginning
```

随着用户不断在 Producer 终端窗口输入一行行内容和按 Enter 键,Consumer 终端窗口不断显示刚刚输入的内容。可以在 Producer 终端窗口按 Ctrl+C 键结束输入。

查看端口被占用情况,以及杀死 kafka server/zookeeper。

```
netstat -ntlp| grep 12182
kill -9 60465                        //60465 为 Zookeeper 的进程号

netstat -ntlp| grep 9092
kill -9 60714                        // 60714 为 Broker 的进程号
```

一般使用如下命令停止服务器,杀死进程过于暴力。只有如下命令不能停止服务器时,才使用杀死进程的方法。

```
cd /opt/linuxsir/kafka_2.10-0.10.2.1
bin/zookeeper-server-stop.sh config/zookeeper.properties &
bin/kafka-server-stop.sh config/server.properties &
```

### 13.5.2 多 Broker 部署

从 config/server.properties 复制 config/server-1.properties 和 config/server-2.properties。

```
cd /opt/linuxsir/kafka_2.10-0.10.2.1
cp config/server.properties config/server-1.properties
cp config/server.properties config/server-2.properties
```

编辑 config/server-1.properties 和 config/server-2.properties。

config/server-1.properties 需要改动的内容如下:

```
broker.id=1
listeners = PLAINTEXT://192.168.31.129:9093
log.dirs=/tmp/kafka-logs1
```

config/server-2.properties 需要改动的内容如下:

```
broker.id=2
```

```
listeners = PLAINTEXT://192.168.31.129:9094
log.dirs=/tmp/kafka-logs2
```

启动后台服务器,包括启动 Zookeeper 和 Broker 0。

```
cd /opt/linuxsir/kafka_2.10-0.10.2.1
bin/zookeeper-server-start.sh config/zookeeper.properties &

//等待 Zookeeper 启动
netstat -ntlp|grep 12182

cd /opt/linuxsir/kafka_2.10-0.10.2.1
bin/kafka-server-start.sh config/server.properties &

//等待 Kafka Broker 0 启动
netstat -ntlp|grep 9092
//注意 Kafka Broker 0 在 192.168.31.129 启动之后,在 9092 端口监听
```

启动 Broker 1 和 Broker 2。

```
cd /opt/linuxsir/kafka_2.10-0.10.2.1
bin/kafka-server-start.sh config/server-1.properties &
bin/kafka-server-start.sh config/server-2.properties &

//等待 Kafka Broker 1 和 Broker 2 启动
netstat -ntlp|grep 9093
netstat -ntlp|grep 9094
```

创建一个话题,复制因子为 3。

```
bin/kafka-topics.sh --create --zookeeper 192.168.31.129:12182 --replication-factor 3 --partitions 1 --topic my-replicated-topic
```

通过 Zookeeper 了解每个 Broker 的工作状况。

```
bin/kafka-topics.sh --describe --zookeeper 192.168.31.129:12182 --topic my-replicated-topic
```

显示结果如下,表示 Leader 是 Broker 0。

```
Topic:my-replicated-topic    PartitionCount:1    ReplicationFactor:3    Configs:
        Topic: my-replicated-topic        Partition: 0    Leader: 0
Replicas: 0,2,1  Isr: 0,2,1
```

运行生产者和消费者。

启动一个终端窗口(Producer),运行如下命令。

```
cd /opt/linuxsir/kafka_2.10-0.10.2.1
bin/kafka-console-producer.sh --broker-list 192.168.31.129:9092 --topic my
-replicated-topic
```

输入如下内容:

```
my test message 1
my test message 2
^C
```

^C 表示用户按 Ctrl+C 键。

启动另一个终端窗口(Consumer),运行如下命令。

```
cd /opt/linuxsir/kafka_2.10-0.10.2.1
bin/kafka-console-consumer.sh --bootstrap-server 192.168.31.129:9092 --
from-beginning --topic my-replicated-topic
//或者 bin/kafka-console-consumer.sh --zookeeper 192.168.31.129:12182 --
//from-beginning --topic my-replicated-topic
```

随着用户不断在 Producer 终端窗口输入一行行内容和按 Enter 键,Consumer 终端窗口不断显示刚刚输入的内容。可以在 Producer 终端窗口按 Ctrl+C 键结束输入。

### 13.5.3　测试容错性

接着 13.5.2 节的实验,可以测试系统的容错性。

Broker 0 是 Leader,尝试把它杀掉。查看 Broker 0 的进程号,然后把它杀掉。

```
ps aux | grep server.properties
netstat -nltp|grep 9092
kill -9 65072                    //65072 为 Broker 0 进程号
```

再查看 my-replicated-topic 的状况。

```
cd /opt/linuxsir/kafka_2.10-0.10.2.1
bin/kafka-topics.sh --describe --zookeeper 192.168.31.129:12182 --topic my
-replicated-topic
```

结果如下,Leader 已经变成 Broker 2。

```
Topic:my-replicated-topic    PartitionCount:1    ReplicationFactor:3    Configs:
        Topic: my-replicated-topic    Partition: 0    Leader: 2    Replicas: 0,
2,1  Isr: 2,1
```

从头查看消息,没有问题。

```
cd /opt/linuxsir/kafka_2.10-0.10.2.1
bin/kafka-console-consumer.sh --zookeeper 192.168.31.129:12182 --from-beginning --topic my-replicated-topic
//或者连接到 Broker 1 或 Broker 2 查看(Broker 0 被杀掉了)
bin/kafka-console-consumer.sh --bootstrap-server 192.168.31.129.:9093 --from-beginning --topic my-replicated-topic
```

## 13.6 安装问题

Zookeeper 运行过程中,不断累积日志。如果不及时清理,将占用极大硬盘空间。

可以考虑安装独立的 Zookeeper,要求 Zookeeper 的版本大于 3.4.0.0,从而可以配置它自动销毁(Purge)日志。

## 13.7 Kafka 的 Java 编程

本节介绍如何用 Java 语言编写 Kafka Producer 和 Consumer,以及如何用 Eclipse 进行调试。

**1. 新建 Maven 项目(Kafka Producer)**

关于如何安装 Maven,如何给 Eclipse 安装和配置 Maven 插件,以及如何新建 Maven 项目,可参考 8.4 节。

Producer 的 Java 代码如下:

```java
package kafka_producer.kafka_producer;

import org.apache.kafka.clients.producer.KafkaProducer;
import org.apache.kafka.clients.producer.ProducerConfig;
import org.apache.kafka.clients.producer.ProducerRecord;
import org.apache.kafka.common.serialization.StringSerializer;

import java.util.Properties;

/**
 * A very simple Kafka producer
 */
public class VerySimpleProducer {

    //The topic we are going to write records to
```

```java
    private static final String KAFKA_TOPIC_NAME = "very_simple_topic";

    public static void main(String[] args) {
        //Set producer configuration properties
        final Properties producerProps = new Properties();
        producerProps.put(ProducerConfig.BOOTSTRAP_SERVERS_CONFIG, "192.168.31.129:9092");
        producerProps.put(ProducerConfig.KEY_SERIALIZER_CLASS_CONFIG, StringSerializer.class);
        producerProps.put(ProducerConfig.VALUE_SERIALIZER_CLASS_CONFIG, StringSerializer.class);

        //Create a new producer
        final KafkaProducer<String, String> producer = new KafkaProducer<>(producerProps);
        //Write 10 records into the topic
        for (int i = 0; i < 10; i++) {
            final String key = "key-" + i;
            final String value = "value-" + i;
            producer.send(new ProducerRecord<>(KAFKA_TOPIC_NAME, key, value));
        }
    }
}
```

pom.xml 文件配置如下：

```xml
<project xmlns="http://maven.apache.org/POM/4.0.0"
  xmlns:xsi="http://www.w3.org/2001/XMLSchema-instance"
  xsi:schemaLocation=" http://maven.apache.org/POM/4.0.0 http://maven.apache.org/xsd/maven-4.0.0.xsd">
    <modelVersion>4.0.0</modelVersion>

    <groupId>kafka_producer</groupId>
    <artifactId>kafka_producer</artifactId>
    <version>0.0.1-SNAPSHOT</version>
    <packaging>jar</packaging>

    <name>kafka_producer</name>
    <url>http://maven.apache.org</url>

    <properties>
        <project.build.sourceEncoding>UTF-8</project.build.sourceEncoding>
    </properties>
```

```xml
    <dependencies>
        <dependency>
            <groupId>junit</groupId>
            <artifactId>junit</artifactId>
            <version>3.8.1</version>
            <scope>test</scope>
        </dependency>
        <dependency>
            <groupId>org.apache.kafka</groupId>
            <artifactId>kafka-clients</artifactId>
            <version>0.10.2.1</version>
        </dependency>

        <dependency>
            <groupId>org.apache.kafka</groupId>
            <artifactId>kafka_2.10</artifactId>
            <version>0.10.2.1</version>
        </dependency>
    </dependencies>
</project>
```

### 2. 新建 Maven 项目（Kafka Consumer）

Consumer 的 Java 代码如下：

```java
package kafka_consumer.kafka_consumer;

import org.apache.kafka.clients.consumer.ConsumerConfig;
import org.apache.kafka.clients.consumer.ConsumerRecord;
import org.apache.kafka.clients.consumer.ConsumerRecords;
import org.apache.kafka.clients.consumer.KafkaConsumer;
import org.apache.kafka.clients.producer.KafkaProducer;
import org.apache.kafka.clients.producer.ProducerConfig;
import org.apache.kafka.clients.producer.ProducerRecord;
import org.apache.kafka.common.serialization.StringDeserializer;
import org.apache.kafka.common.serialization.StringSerializer;


import java.util.Collections;
import java.util.Properties;


/**
 * A very simple Kafka consumer
```

```java
 */
public class VerySimpleConsumer {

    //The topic we are going to read records from
    private static final String KAFKA_TOPIC_NAME = "very_simple_topic";

    public static void main(String[] args) {
        //Set consumer configuration properties
        final Properties consumerProps = new Properties();
        consumerProps.put(ConsumerConfig.BOOTSTRAP_SERVERS_CONFIG, "192.168.31.129:9092");
        consumerProps.put(ConsumerConfig.KEY_DESERIALIZER_CLASS_CONFIG, StringDeserializer.class);
        consumerProps.put(ConsumerConfig.VALUE_DESERIALIZER_CLASS_CONFIG, StringDeserializer.class);
        consumerProps.put(ConsumerConfig.GROUP_ID_CONFIG, "very-simple-consumer");

        //Create a new consumer
        final KafkaConsumer<String, String> consumer = new KafkaConsumer<>(consumerProps);
        //Subscribe to the topic
        consumer.subscribe(Collections.singleton(KAFKA_TOPIC_NAME));

        //Continuously read records from the topic
        while (true) {
            final ConsumerRecords<String, String> records = consumer.poll(1000);
            for (ConsumerRecord<String, String> record : records) {
                System.out.println("Received: " + record);
            }
        }
    }

}
```

pom.xml 文件配置如下：

```xml
<project xmlns="http://maven.apache.org/POM/4.0.0"
  xmlns:xsi="http://www.w3.org/2001/XMLSchema-instance"
  xsi:schemaLocation=" http://maven.apache.org/POM/4.0.0 http://maven.apache.org/xsd/maven-4.0.0.xsd">
    <modelVersion>4.0.0</modelVersion>
```

```xml
        <groupId>kafka_consumer</groupId>
        <artifactId>kafka_consumer</artifactId>
        <version>0.0.1-SNAPSHOT</version>
        <packaging>jar</packaging>

        <name>kafka_consumer</name>
        <url>http://maven.apache.org</url>

        <properties>
            <project.build.sourceEncoding>UTF-8</project.build.sourceEncoding>
        </properties>

        <dependencies>
            <dependency>
                <groupId>junit</groupId>
                <artifactId>junit</artifactId>
                <version>3.8.1</version>
                <scope>test</scope>
            </dependency>

            <dependency>
                <groupId>org.apache.kafka</groupId>
                <artifactId>kafka-clients</artifactId>
                <version>0.10.2.1</version>
            </dependency>

            <dependency>
                <groupId>org.apache.kafka</groupId>
                <artifactId>kafka_2.10</artifactId>
                <version>0.10.2.1</version>
            </dependency>
        </dependencies>
</project>
```

### 3. 启动 Zookeeper 和 Kafka Broker 0

使用如下命令,启动 Zookeeper 和 Kafka Broker 0。

```
cd /opt/linuxsir/kafka_2.10-0.10.2.1
bin/zookeeper-server-start.sh config/zookeeper.properties &

//等待 Zookeeper 启动
```

```
netstat -ntlp|grep 12182

bin/kafka-server-start.sh config/server.properties &

//等待 Kafka Broker 0 启动
netstat -ntlp|grep 9092
//注意 Kafka Broker 0 在 192.168.31.129 启动之后,在 9092 端口监听
```

**4. 创建一个 Kafka Topic**

创建 Kafka Topic,命名为 very_simple_topic。

```
cd /opt/linuxsir/kafka_2.10-0.10.2.1
bin/kafka-topics.sh --create --zookeeper 192.168.31.129:12182 --replication-factor 1 --partitions 1 --topic very_simple_topic
bin/kafka-topics.sh --list --zookeeper 192.168.31.129:12182
```

**5. 运行或者调试 Consumer**

在 Eclipse 中,为 Consumer 项目新建 Run Configuration,然后运行程序;或者新建 Debug Configuration,然后调试程序。

新建 Run Configuration 的操作序列为,对着项目右击,在弹出的快捷菜单中选择 Run As → Run Configurations 命令,打开 Run Configurations 对话框,双击 Java Applications,新建一个 Run Configuration,选择 Main 选项卡的当前项目,并设置当前项目的 Main class,完成这些设置以后,最后单击"Run"按钮,即可运行应用程序。

新建 Debug Configuration 的操作过程类似。

**6. 运行或者调试 Producer**

在 Eclipse 中,为 Producer 项目新建 Run Configuration,然后运行程序;或者新建 Debug Configuration,然后调试程序。

在 Producer 端生成 10 个键-值对,可以在 Consumer 端看到相应的输出。输出的格式如下。

```
Received: ConsumerRecord(topic = very_simple_topic, partition = 1, offset = 0, CreateTime = 1513475276740, checksum = 1161559315, serialized key size = 5, serialized value size = 7, key = key-0, value = value-0)
Received: ConsumerRecord(topic = very_simple_topic, partition = 1, offset = 1, CreateTime = 1513475276747, checksum = 3822194193, serialized key size = 5, serialized value size = 7, key = key-7, value = value-7)
Received: ConsumerRecord(topic = very_simple_topic, partition = 1, offset = 2, CreateTime = 1513475276747, checksum = 33131761, serialized key size = 5, serialized value size = 7, key = key-8, value = value-8)
Received: ConsumerRecord(topic = very_simple_topic, partition = 2, offset = 0, CreateTime = 1513475276747, checksum = 186355086, serialized key size = 5, serialized value size = 7, key = key-2, value = value-2)
```

```
Received: ConsumerRecord(topic = very_simple_topic, partition = 2, offset =
1, CreateTime = 1513475276747, checksum = 3887722871, serialized key size = 5,
serialized value size = 7, key = key-3, value = value-3)
Received: ConsumerRecord(topic = very_simple_topic, partition = 2, offset =
2, CreateTime = 1513475276747, checksum = 3790074274, serialized key size = 5,
serialized value size = 7, key = key-5, value = value-5)
Received: ConsumerRecord(topic = very_simple_topic, partition = 2, offset =
3, CreateTime = 1513475276747, checksum = 259027688, serialized key size = 5,
serialized value size = 7, key = key-6, value = value-6)
Received: ConsumerRecord(topic = very_simple_topic, partition = 0, offset =
0, CreateTime = 1513475276746, checksum = 2052492634, serialized key size = 5,
serialized value size = 7, key = key-1, value = value-1)
Received: ConsumerRecord(topic = very_simple_topic, partition = 0, offset =
1, CreateTime = 1513475276747, checksum = 222661979, serialized key size = 5,
serialized value size = 7, key = key-4, value = value-4)
Received: ConsumerRecord(topic = very_simple_topic, partition = 0, offset =
2, CreateTime = 1513475276747, checksum = 3982225416, serialized key size = 5,
serialized value size = 7, key = key-9, value = value-9)
```

注意：在 Eclipse 中，可以同时调试两个应用程序，可以在 Console Tab 选择 Display Selected Console，查看不同应用程序的 Console 输出，如图 13-10 所示。

图 13-10　显示不同的程序的输出

输出结果如图 13-11 所示。

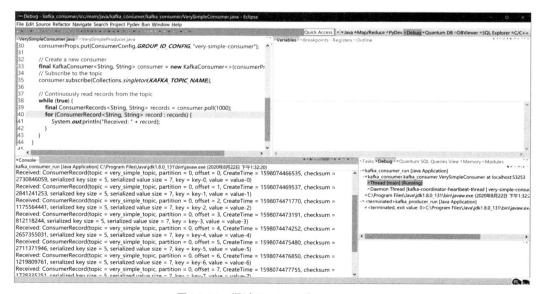

图 13-11　调试 Producer 和 Consumer

## 7. 停止 Zookeeper 和 Kafka Broker 0

停止 Zookeeper 和 Kafka Broker 0 的命令如下：

```
cd /opt/linuxsir/kafka_2.10-0.10.2.1
bin/zookeeper-server-stop.sh config/zookeeper.properties &
bin/kafka-server-stop.sh config/server.properties &
```

如果上述命令不能正常停止进程，可以使用如下命令找出 Zookeeper 和 Kafka Broker 0 的进程号，然后杀掉进程。

```
netstat -ntlp|grep 9092
kill -9 75182                    //75182 为 Kafka Broker 0 的进程号

netstat -ntlp|grep 12182
kill -9 74861                    //74861 为 Zookeeper 的进程号
```

## ◆ 13.8　Kafka 的综合实例

文献[5]给出了一个利用 Kafka Streams 进行流数据处理的实例。

这个实例包括 3 个主要的组件。

（1）Producer：负责生成一系列传感器数据。

（2）基于 Kafka Streams API 进行开发的 Java 应用程序：负责对数据流进行适当分组和汇总，生成临时汇总数据。

（3）基于 Spring Boot 开发的应用程序：负责把汇总数据读出，以图表形式在网页上动态显示，如图 13-12 所示。

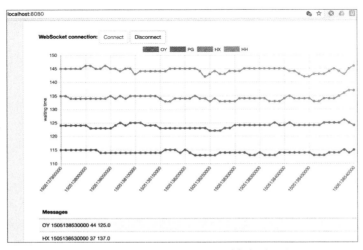

图 13-12　利用 Kafka Streams API 对数据流进行处理

读者可以下载、运行,并且分析其代码。

## 13.9 Kafka 与 Flume 的配合

Kafka 可以作为快速到达的数据临时落地的一个暂存区,Flume 则可以作为一个黏结剂,把 Kafka 里的数据及时地导入 Hadoop 的 HDFS、HBase 或者 Hive。

这里介绍一个实例,通过 Flume 从 Kafka 把数据转移到 Hive,Kafka 扮演临时数据暂存区的角色,Flume 负责把 Kafka 里的数据最终转移到目的地,即 Hive 数据仓库。Flume 的 Source 是 Kafka,而 Flume 的 Sink 是 Hive。

注意:Kafka 的数据来源可以是各种数据源,如从 Web 服务器采集的日志、从业务系统采集的订单等。

(1)准备工作。

为了支持 Hive Sink,需要打开/opt/linuxsir/hive/conf/hive-site.xml 文件,修改若干配置项。并且把 Hive 的相关 jar 包,复制到 Flume 的 lib 目录下,如/opt/linuxsir/apache-flume/lib,可参考 12.7 节。

(2)新建 Flume 配置文件。

在/opt/linuxsir/apache-flume/conf 目录下,创建 kafka_source_hive_sink.conf,内容如下:

```
agent1.sources=kafka_source
agent1.channels=mem_channel
agent1.sinks=hive_sink

#kafka_source 的配置
agent1.sources.kafka_source.type=org.apache.flume.source.kafka.KafkaSource
agent1.sources.kafka_source.zookeeperConnect=192.168.31.129:12182
agent1.sources.kafka_source.bootstrap.servers=192.168.31.129:9092
agent1.sources.kafka_source.topic=kafka_test
agent1.sources.kafka_source.channels=mem_channel
agent1.sources.kafka_source.consumer.timeout.ms=1000
agent1.sources.kafka_source.channels=mem_channel

#hive_sink 的配置
agent1.sinks.hive_sink.type=hive
agent1.sinks.hive_sink.hive.metastore=thrift://192.168.31.129:19083
agent1.sinks.hive_sink.hive.database=default
agent1.sinks.hive_sink.hive.table=kafka_test
agent1.sinks.hive_sink.hive.txnsPerBatchAsk=2
agent1.sinks.hive_sink.batchSize=10
agent1.sinks.hive_sink.serializer=DELIMITED
agent1.sinks.hive_sink.serializer.delimiter=,
```

```
agent1.sinks.hive_sink.serializer.fieldnames=id,name,age
agent1.sinks.hive_sink.channel=mem_channel

#mem_channel 的配置
agent1.channels.mem_channel.type=memory
agent1.channels.mem_channel.capacity=1000
agent1.channels.mem_channel.transactionCapacity=100
```

(3) 建立 Hive 表格。

启动 Hive Shell, 准备建立表格。需要注意的是,首先要启动 HDFS 和 YARN。

```
rm -rf /opt/linuxsir/hadoop/logs/*.*
ssh root@192.168.31.130 rm -rf /opt/linuxsir/hadoop/logs/*.*
ssh root@192.168.31.131 rm -rf /opt/linuxsir/hadoop/logs/*.*

clear
cd /opt/linuxsir/hadoop/sbin
./start-dfs.sh
./start-yarn.sh

clear
jps
ssh root@192.168.31.130 jps
ssh root@192.168.31.131 jps

cd /opt/linuxsir/hive
./bin/hive --service metastore -p 19083&
//等待 Metastore 启动
netstat -lanp | grep 19083

cd $HIVE_HOME/bin
./hive
```

在 Hive Shell 里运行如下 SQL, 建立表格 kafka_test, 注意需要设定格式为 ORC, 并且设定 buckets 数量, 以及支持 transaction。

```
create table kafka_test (id int, name string, age int) clustered by (id) into 2
buckets STORED AS ORC TBLPROPERTIES ("transactional"="true");

//退出 Hive Shell
quit;
```

(4) 启动 Zookeeper 和 Kafka Broker 0。

```
cd /opt/linuxsir/kafka_2.10-0.10.2.1
bin/zookeeper-server-start.sh config/zookeeper.properties &

//等待 Zookeeper 启动
netstat -ntlp|grep 12182

bin/kafka-server-start.sh config/server.properties &

//等待 Kafka Broker 0 启动
netstat -ntlp|grep 9092
//注意 Kafka Broker 0 在 192.168.31.129 启动之后,在 9092 端口监听
```

（5）创建 Kafka 的话题。

```
cd /opt/linuxsir/kafka_2.10-0.10.2.1
bin/kafka-topics.sh --create --zookeeper 192.168.31.129:12182 --replication-factor 1 --partitions 1 --topic kafka_test
bin/kafka-topics.sh --list --zookeeper 192.168.31.129:12182
```

（6）打开一个终端窗口,通过如下命令,启动 Flume Server,并启动 agent1。

```
cd /opt/linuxsir
cd apache-flume
bin/flume-ng agent --conf ./conf/ -f ./conf/kafka_source_hive_sink.conf  \
-Dflume.root.logger=DEBUG,console -n agent1

//注意按 Ctrl+C 可以停止 Flume Server
```

（7）启动第二个终端窗口,运行 Kafka Producer。

```
cd /opt/linuxsir
cd kafka_2.10-0.10.2.1
bin/kafka-console-producer.sh --broker-list 192.168.31.129:9092 --topic kafka_test
//输入的格式如下
1,john,25
2,mary,26
3,june,27
4,april,28
//输入每行以后按 Enter 键继续输入

//注意按 Ctrl+C 键可以停止 Kafka Producer
```

（8）打开第三个终端窗口,启动 Hive Shell,执行如下查询,查看数据是否已经插入表

格中。

```
cd $HIVE_HOME/bin
./hive

select * from kafka_test;
exit;
```

查询到的结果如下：

```
OK
2       mary    26
4       april   28
1       john    25
3       june    27
Time taken: 0.459 seconds, Fetched: 7 row(s)
```

(9) 停止 Kafka Broker 0 和 Zookeeper。

```
cd /opt/linuxsir/kafka_2.10-0.10.2.1
bin/zookeeper-server-stop.sh config/zookeeper.properties &
bin/kafka-server-stop.sh config/server.properties &
```

(10) 停止 Metastore、YARN、HDFS。

```
netstat -lanp | grep 19083
kill -9 16336                          //16336 是 Metastore 进程号

cd /opt/linuxsir/hadoop/sbin
./stop-yarn.sh
./stop-dfs.sh

clear
jps
ssh root@192.168.31.130 jps
ssh root@192.168.31.131 jps
```

文献[8]给出了利用 Flume 把 Kafka 里的数据及时导入 HDFS 的实例，供读者参考。

## 13.10 流处理与批处理的结合

有了 Kafka 和 Flume 就可以把流处理和批处理结合起来，如图 13-13 所示，具体结合方法步骤如下。

(1) 开发 Kafka Producer 程序,从数据源拉取数据,分别发送到 Kafka Topic1 和 Topic2。

(2) 利用 Flume 把数据从 Topic1 转移到 Hive。

(3) 在网页上提交 SQL 查询,利用 SparkSQL 对 Hive 数据进行查询分析,以图表形式展现查询结果。

(4) 开发 Kafka Consumer 程序,从 Topic2 拉取数据,自行进行分组统计,写入 MySQL。

(5) 前端网页可以定时查询 MySQL,以图表的形式显示汇总结果。

注意:步骤(4)和(5)也可以采用 13.8 节介绍的方式,即利用 Kafka Stream API 进行流处理,然后使用 Spring Boot 实时地把结果显示在网页上。

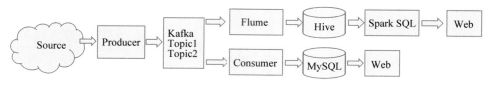

图 13-13 利用 Kafka Streams API 对数据流进行处理

## 13.11 思 考 题

1. 简述 Kafka 的话题与分区。
2. 简述 Kafka 的生产者和消费者。
3. 简述 Kafka 的消息顺序实现。
4. 简述 Zookeeper 在 Kafka 中的作用。
5. 简述 Kafka 的应用场景。

## 参 考 文 献

[1] Apache. Kafka Introduction[EB/OL]. (2020-03-01)[2021-10-15]. http://kafka.apache.org/intro.html.

[2] Apache. Kafka Documents[EB/OL].(2020-03-01)[2021-10-15]. http://kafka.apache.org/documentation.html#introduction.

[3] zhangketuan. Zookeeper 日志清理[EB/OL].(2015-04-28)[2021-12-08]. https://blog.csdn.net/zhangketuan/article/details/45334551.

[4] Behrang Saeedzadeh. Writing a very simple Kafka producer and consumer pair[EB/OL].(2017-12-17)[2021-10-15]. https://blog.behrang.org/2017/12/17/very-simple-kafka-producer-consumer.html.

[5] ebi-wp. kafka streams api web sockets examples[EB/OL].(2017-10-20)[2021-10-15]. https://github.com/ebi-wp/kafka-streams-api-websockets.

[6] Kafka 与 Hive 对接[EB/OL].(2018-08-05)[2021-10-15]. https://blog.csdn.net/qq_38690917/

article/details/81430553.

[7] Apache. Apache Kafka QuickStart[EB/OL]. (2020-03-01) [2021-10-15]. http://kafka.apache.org/quickstart.

[8] howtoprogram. Apache Flume Kafka Source And HDFS Sink Tutorial[EB/OL]. (2016-08-06) [2021-10-15]. https://howtoprogram.xyz/2016/08/06/apache-flume-kafka-source-and-hdfs-sink/.

# 图书资源支持

感谢您一直以来对清华版图书的支持和爱护。为了配合本书的使用,本书提供配套的资源,有需求的读者请扫描下方的"书圈"微信公众号二维码,在图书专区下载,也可以拨打电话或发送电子邮件咨询。

如果您在使用本书的过程中遇到了什么问题,或者有相关图书出版计划,也请您发邮件告诉我们,以便我们更好地为您服务。

**我们的联系方式:**

地　　址: 北京市海淀区双清路学研大厦 A 座 714

邮　　编: 100084

电　　话: 010-83470236　010-83470237

客服邮箱: 2301891038@qq.com

QQ: 2301891038(请写明您的单位和姓名)

**资源下载**: 关注公众号"书圈"下载配套资源。

资源下载、样书申请

书圈

图书案例

清华计算机学堂

观看课程直播